U0002631

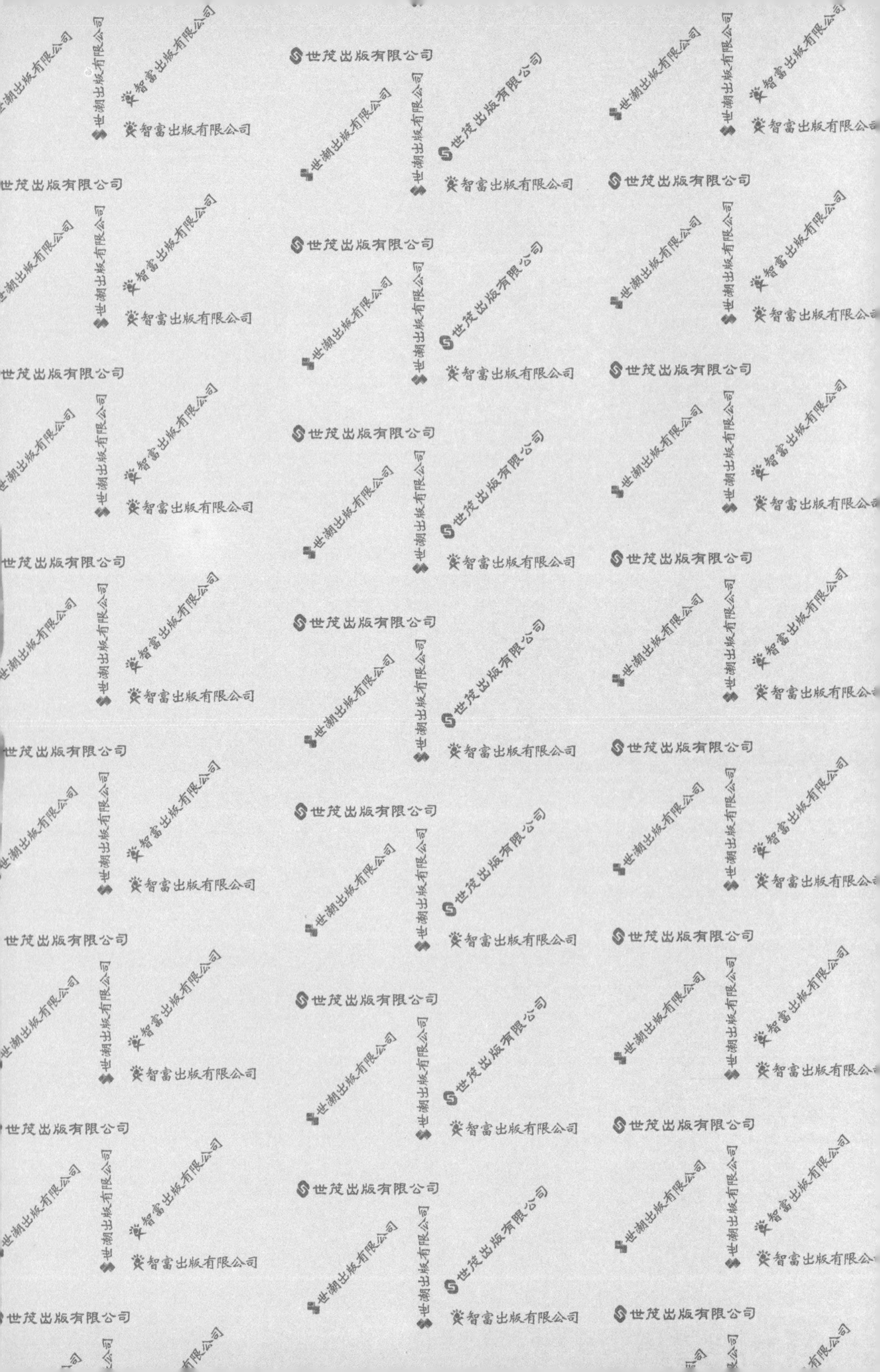
世茂出版有限公司
世潮出版有限公司
智富出版有限公司

世茂出版有限公司
世潮出版有限公司
智富出版有限公司

# 從故事看科學

# Reading the science from story

山田大隆◇著　王蘊潔◇譯

# 前言

在人類歷史上，只有極少數的天才科學家、天才技術家推動了科學和技術的發展。他們使自己天賦的才華開花結果，爲人類做出了巨大的貢獻。世界上的衆多科學家、技術家往往只是在他們的專業上、指導基礎上工作而已。

因此，我們往往會認爲這些天才是雲端上的人，是難以接近的人，是和我們完全不同的人。

曾經有超過兩千項發明的愛迪生、單槍匹馬重寫了化學和物理歷史的拉瓦錫、牛頓、愛因斯坦，以及花費八年時間從八公噸礦石中提煉了〇・一公克鐳的居里夫人都是如此。那些天才的人生是否眞的和我們不同，他們的人生是否特別偉大？

筆者曾經閱讀大量被稱爲「偉人傳」的衆多科學家和技術家的傳記，從中發現了一個缺陷。

這些傳記中從來不曾談及這些天才科學家、天才技術者的人性糾結、隱藏的野心、在學術界的沉浮、強盛的運勢，以及完成了可以留芳百世的工作過程中極其人性化的過程。

天才們在獲得偉大成就過程中的努力，比這些天才的光輝成就更能夠提供世人參考，

更能夠使人產生親近感，也能夠使人喜歡這些偉人，以他們爲榜樣。

以前，實在太缺乏這些能夠令人鍾情於這些偉大科學家的「人性化」科學家傳、技術者傳。

在一九〇〇年前往美國研究，成爲活躍於國際醫學界的野口英世的人生，同時包括了褒貶二方面，充滿了驚人的人性糾葛。

法拉第甚至連小學都沒有畢業，完全從外行開始學習，最後發現了電磁感應等多項電磁學的理論。

巴斯特則是因爲腦溢血病倒、半身不遂後，才研製了狂犬病的疫苗。

提出不完全性定理改變了人類自然觀的哥德爾，是在深受強迫神經症之苦的日子中，完成了這項偉業。

觀察這些天才的人生，發現他們較一般人更充滿戲劇性的人生方式可以深深地打動人心，也爲他們能夠活出自我和充滿生命力的人生深受感動。

本書中介紹了一致公認的二十位天才的豐功偉業背後較不爲人知的人性故事、幼少年時期的家庭環境和父母的影響力，以及促使他們有如此偉大發現、發明的出人意料的事實，使這些科學史上的事例也能夠在現代社會得到靈活應用。

本書中也介紹了許多以前比較不爲人所知的故事。

關於每位天才，都由五則逸聞故事組成，這些故事是否能夠打動各位讀者的心，與各位讀者的人生觀以及目前的狀況有很大的關係。

如果本書能夠為從事科學、技術的工作人員，追求今後人生定位的上班族，以及立志成為科學家、技術者的青少年朋友有所幫助的話，將是本人最大的榮幸。

同時，也特別要告訴各位正努力育兒的年輕父、母親，對天才的成長來說，幼少年期的環境和人性的感化是重要的決定性因素。

愛因斯坦成為偉大科學家的第一步，就是在他十歲左右時所讀的一本大衆科學書籍。

少年愛迪生因為學校忍受不了他的怪異行為而被迫退學。但他母親發現、相信他的才華，獨自承擔起教育的工作。

總之，深入瞭解一位天才的人生比聽一百位評論家的建議更有意義。

我一直抱有「要寫一本對教育有助益的科學史」的決心，因此，本書中所描繪的天才們的人物形象，是從大學畢業後三十年間持續進行有關科學史研究的結晶，同時，或許也是我自己人生觀的寫照。

E・H・卡曾經說過，所謂歷史，其實就是歷史家以其歷史觀和人生觀的寫照所記錄的東西。

各位讀者在閱讀本書後，如果對富有最戲劇性人生的天才科學家、技術家產生濃厚與

趣，可以進一步蒐集其文獻，更進一步接觸這些科學家傳和技術家傳，同時，瞭解科學史研究的趣味和深奧，將使筆者感到至上的幸福。

本書花費了兩年多的時間才完成，在此期間，承蒙講談社科學圖書出版部的堀越俊一先生的不斷鼓勵，在此深表感謝。

在本書寫作過程中，參考了大量日本科學史學會、科學史、技術史研究者以及傳記作家等前輩的研究結晶。如果沒有這些前輩的研究工作，本書就無法問世，在此，也由衷的表示感謝。

山田大隆

1 牛頓 017

英國物理學家、數學家、天文學家

❶ 超級的專注力，誤將懷錶當作雞蛋放在鍋中煮 018

❷ 勤快記錄家計簿的記錄狂 019

❸ 在夜市買的玩具三稜鏡 022

❹ 向各個領域發展的天才 025

❺ 使英國科學倒退一百年的滔天大罪 027

★ 漏網故事 031

2 愛因斯坦 033

出生於德國的理論物理學家

❶ 大眾科學的衝擊 034

❷ 專利局的公務人員為什麼能夠發現相對論 037

❸ 懷疑任何人都深信不疑的常識 039

❹ 不看書的天才 042

❺ 晚年的大失敗 044

★ 漏網故事 045

## 3 湯川秀樹 047

日本的理論物理學家

❶ 湯川的得獎改變了諾貝爾獎的性格 048
❷ 家中的書堆會讓人迷路 052
❸ 令壞孩子肅然起敬的「伊凡少年」數學才能 055
❹ 從數學走向物理研究的轉捩點 056
❺ 在練習傳球時想到了介子的概念 059
★ 漏網故事 061

## 4 居里夫人 063

出生於波蘭的法國物理學家、化學家

❶ 夫妻同心協力，持續了八年的單純作業 064
❷ 表現出野心家氣勢的命運之夜 069
❸ 哈定總統贈送給居里夫人的一公克鐳 071
❹ 死於白血病 074
❺ 法國之所以有許多女性科學家的理由 077
★ 漏網故事 079

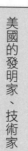

CONTENTS


5 法拉第 英國的物理學家、化學家 081

❶ 用一句不漏的筆記自我推薦 082

❷ 與世界級大科學家的關係 084

❸ 將力學的「能量不滅定律」成功地運用在電磁學上 086

❹ 因為不會數學而產生的想像能力 087

❺ 甘於做「老二」當助手 089

★ 漏網故事 091

6 愛迪生 美國的發明家、技術家 093

❶ 拯救了ADHD兒的母親的教育 094

❷ 車廂中的實驗 096

❸ 使用京都的八幡竹發明了電燈 098

❹ 被誤認為流浪漢的老闆 101

❺ GE前身的輸電事業的失敗 105

★ 漏網故事 107

## 7 拉瓦錫　法國化學家　109

❶ 注意到「剩餘」的問題，發現了「質量不滅定律」　110

❷ 擔任徵稅承包人揩油來購買實驗工具　111

❸ 不擅長的繪畫由妻子代勞　114

❹ 幾乎不曾在實驗中失敗過的天才　116

❺ 被斷頭台處死　117

★ 漏網故事　121

## 8 達爾文　英國博物學家　123

❶ 如果沒有華萊士，達爾文只是個默默無聞的老頭　124

❷ 閱讀馬爾薩斯《人口論》後的確信　128

❸ 沒有所屬的不可思議的人　129

❹ 在外科手術中昏倒後，轉入博物學　131

❺ 原因不明的疾病　133

★ 漏網故事　134

9 野口英世 137
主要活躍於美國的日本醫學家、細菌學家

❶ 從響尾蛇的毒牙拯救美國人一命的英雄 138
❷ 「人力發電機」 140
❸ 對故國的絕望 143
❹ 為了報恩而當了醫生 145
❺ 黃熱病的悲劇 148
★ 漏網故事 152

10 焦耳 155
英國實驗物理學家

❶ 啤酒莊次子的樂趣 156
❷ 走向成名之路 158
❸ 專心執著的溫度魔術師 160
❹ 使會場氣氛立刻改變的「湯姆生」效應 163
❺ 在蜜月旅行時，將溫度計插入瀑布 167
★ 漏網故事 168

11 孟德爾 奧地利生物學家、修道院僧 171
❶ 證明達爾文的進化論 172
❷ 選擇豌豆做為進化論的證明工具 174
❸ 選擇七大特徵的神手 176
❹ 狹小土地上的偉大發現 177
❺ 完全沒人提問的發表現場 179
★ 漏網故事 182

12 瓦特 英國技術家 183
❶ 蒸氣機的「改良者」 184
❷ 散步中想到的點子 186
❸ 將水壺密閉而爆炸的孩提時代 190
❹ 不會聽命行事的工匠 191
❺ 迫害天才技術家特萊比席克 193
★ 漏網故事 197

13 巴斯特 法國化學家、微生物學家 199

❶ 天鵝頸實驗是為了示範 200

❷ 不是從生物學，而是從化學角度詮釋 203

❸ 在不瞭解致病原因的情況下，研發了狂犬病疫苗 205

❹ 萬事通和半身不遂 208

❺ 擅長繪畫的少年 210

★ 漏網故事 212

14 萊特兄弟 美國技術家、發明家 213

❶ 光將模型擴大，無法使飛機飛起來 214

❷ 腳踏車飛向空中！ 217

❸ 觀察鳥而研究出扭轉的機翼 218

❹ 與朗格雷的飛機比賽 221

❺ 無法擺脫腳踏車的概念 224

★ 漏網故事 227

15 門得列夫 俄國化學家 229
❶ 從早晨的咖啡到午餐前完成的週期表 230
❷ 預言了未知元素 232
❸ 無法估計的週期表功績 234
❹ 十四兄弟的么子 236
❺ 聖彼得堡大學左翼學生運動牽連事件 238
★ 漏網故事 239

16 伽利略 義大利物理學家、天文學家 241
❶ 比薩斜塔的自由落體實驗無法獲得證實 242
❷ 看到大教堂水晶吊燈的晃動，發現了鐘擺的等時性 245
❸ 首位用數學記錄自然科學的人 247
❹ 質疑既成事實的辯論鼻祖 249
❺ 被陷害的伽利略 252
★ 漏網故事 255

17 高斯 德國數學家、天文學家、物理學家 257

1 十八歲發現最小平方法，十九歲正十七角形作圖法，二十四歲出版《數論》 258

2 小學三年級可以立刻計算一到一百的總和 260

3 神明眷顧的天才 261

4 發現了小行星的數學家 263

5 幸運的天才人生 264

★ 漏網故事 266

18 哥德爾 出生於捷克的美國數學家 267

1 發現人類理性的界限、理性的相對化 268

2 從自大的前輩身上獲得的靈感 270

3 維也納大學的風氣培養了哥德爾的個性 271

4 愛問「為什麼」的孩子 273

5 懷疑醫院而餓死 275

★ 漏網故事 278

## 19 波茲曼 奧地利理論物理學家 279


❶ 在原子、分子尚未確認的時代，開創了氣體分子運動論 280

❷ 至今仍未解決的不可逆性的問題 282

❸ 與能量論者的殊死戰 284

❹ 長大後，仍然稚氣未脫 285

❺ 對 $S = k\log W$ 的公式將導致宇宙毀滅感到悲觀而自殺 287

★漏網故事 289

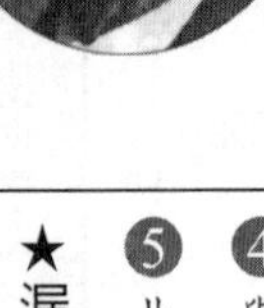

## 20 北里柴三郎 日本醫學家、細菌學家 291


❶ 從古柯鹼中毒患者身上得到的靈感 292

❷ 被貝林搶走的諾貝爾生理學醫學獎 294

❸ 成天打架的學生時代 296

❹ 與帝大醫學系權威主義的鬥爭 297

❺ 北里家族總辭職的「傳研騷動」 300

★漏網故事 302

# 1 牛頓

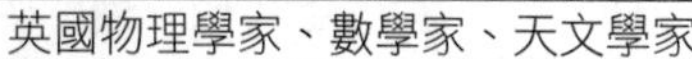

萬有引力定律的發現
微積分的發現
光的分解
（以上為三大發現）
運動三定律的確立
牛頓環（干涉光圈）的發現
發明反射望遠鏡等

近代科學的完成者。27歲就任劍橋大學教授時代的前半期，完成了在運動力學、光學、數學、天文學方面的成就，並撰寫了《原理》、《光學》。後半期則花費在煉金術、聖經的年代研究等，54歲時辭職。之後，擔任造幣廠監督，並擔任皇家學會主席，在英國學界獨佔鰲頭。

## 生平簡介

| | |
| --- | --- |
| 一六四二 | 出生於伍爾索普的中農家庭 |
| 一六五五 | 進入格蘭瑟姆皇家學校 |
| 一六六一 | 進入劍橋大學三一學院 |
| 一六六五 | 畢業於劍橋大學。躲避鼠疫而回到故鄉。發現萬有引力和光的分解二項式定理（23歲） |
| 一六六六 | 關於微積分的「十月論文」 |
| 一六六七 | 回到劍橋大學，成為研究員。 |
| 一六六九 | 繼巴羅之後，成為第二代盧卡斯數學教授（27歲）。至一六七一年止，教授光學。 |
| 一六七一 | 發明反射望遠鏡，捐贈給皇家學會。 |
| 一六七二 | 成為皇家學會會員（30歲） |
| 一六七五 | 發現牛頓環。相對於惠更斯的波動說，提出了光的粒子說。 |
| 一六八七 | 出版《自然哲學的數學原理》（45歲） |
| 一六八九 | 成為大學推選的下院議員 |
| 一六九二 | 因身體狀況不佳而停職兩年 |
| 一六九六 | 辭去劍橋大學教職，擔任造幣廠監事（54歲） |
| 一六九九 | 擔任造幣局監督 |
| 一七〇三 | 擔任皇家學會主席（之後在職24年） |
| 一七〇四 | 出版《光學》（62歲） |
| 一七〇五 | 獲得爵士封號 |
| 一七二七 | 去世（享年84歲） |

# 1 超級的專注力，誤將懷錶當作雞蛋放在鍋中煮

想要有留芳百世的成就，除了必須具備廣闊的視野、深奧的見識以外，還有一項不可或缺的要素；這就是能夠專心投入研究的「專注力」。

除了致力於運動力學、光學和天文學的研究外，同時開發了說明這些原理的數學。而且，還自己調製合金，製成了反射望遠鏡，進而投入聖經的年代研究……。

如此好奇心旺盛的萬能天才艾薩克‧牛頓具有史上最高境界的專注力。

無論在任何時間場合，他都能夠集中思考，立刻進入另一個世界。

有一則逸事證明了他這種超級的專注力。

在牛頓擔任劍橋大學教授時期的某一天，他正在思考當時很受矚目的光學問題。

快到午餐時間了，他準備煮白煮蛋配麵包，於是，就將鍋子放在實驗室的瓦斯爐上，先煮開水。

這時，他對正在思考的課題突然產生了靈感，於是立刻取出相關書籍翻閱，並進一步深入思考，完全忘記了自己前一分鐘想要做什麼，立刻進入了另一個思考的世界。

正當他熱中思考時，不經意的將手放入口袋，偶然碰到了一個像鷄蛋的東西。於是，他立刻想起自己正準備煮白煮蛋，就順手將口袋裡的東西拿出來，連看都沒有看一眼就放進了鍋子。然後，又開始翻閱書籍，沉浸在思考的世界中。

這時，管家剛好有事走了進來。她看到牛頓正仰視著天花板思考，旁邊的鍋子中不斷發出咕咚咕咚的聲音，於是，就看了看鍋子，不禁大叫——

「教授！你到底在幹什麼？你把懷錶放在鍋子裡煮了啦！」

原來，牛頓放在鍋子中煮的，正是他一直隨身攜帶的懷錶。

這款產於紐倫堡的懷錶的別名就叫作「紐倫堡的鷄蛋」，有相當的厚度，形狀很像鷄蛋。但通常一般人應該會注意到這不是眞的鷄蛋。

## 2 勤快記錄家計簿的記錄狂

很多人可能不知道，牛頓是一個超級的筆記狂、記錄狂。

在任何領域從事創作的人（科學家、發明家、藝術家、作曲家、設計師、作家等），幾乎都有習慣記錄日常生活中突然閃現的創意和靈感的習慣。

手的動作、言語活動等日常行爲與純粹的思考相互刺激時，往往可以促進創作活動的進展，所以，往往要趁還沒有忘記前先把它記錄下來。

牛頓在他的生涯中，完全貫徹了這種生活習慣。

牛頓的記錄範圍和記錄量更是無人能出其右。

他的記錄狂作風徹底發揮在生活的各個方面，最有名的就是「牛頓家計簿」。

這本公諸於世的家計簿是他在劍橋大學學生時期寄宿生活時所記錄的，從這本家計簿中密密麻麻、一絲不苟的字跡中，可以十分清楚的瞭解他專心致志的性格。

例如，牛頓在劍橋大學入學的當天，就買了一夸脫（四分之一加侖）的墨水和墨水瓶、一本筆記本、一磅蠟燭、寢室用馬桶（當時，使用該工具解決排泄問題，半夜將之倒在戶外）。

他的家計簿上密密麻麻的記錄著類似的明細，但他家裡每年只寄給他十英磅的生活費。牛頓的老家是自耕農，年收入不會低於七百英磅，但之所以只寄給牛頓十英磅，是因爲牛頓的母親在牛頓的父親過世後，希望牛頓趕快休學繼承家業。如果學校沒有免除牛頓的學費，相信他一定無法順利讀完大學。

照理說，牛頓在經濟上應該很窮困，但在他的家計簿上竟然出現了窮學生根本不可能雇用的寢室管家和傭人的支出。倒底是哪裡來的錢讓他可以如此「虛榮」?!

其實，附近一些紳士看好牛頓的才華，認爲應該幫助他擺脫窘境，於是，就向他提供了金錢上的援助。但好像牛頓並沒有告訴這些紳士說自己是免學費的學生，雖然不至於因

此構成詐欺，卻有點拿雙倍錢的味道。

而且，他還將這些紳士們援助金多餘的部分放款給其他的窮學生。不知道該說他世故，還是該說他腦筋動得快……。

在家計簿中，有時候會看到「交換」的項目，在該項目以下記著六便士的金額。這是在食堂中將自己的座位與上等座位交換而支出的費用。如此，就可以擠入有錢人家孩子的席次進行交流，留下「愉快的回憶」。可見是多麼令人感佩的努力。

因此，從家計簿的記錄中，就可以瞭解當時的牛頓生活情況。可見他的記錄是多麼鉅細靡遺。

牛頓在各個學術領域的豐富知識、判斷力的源泉，就在於這種一絲不苟的記錄習慣。除了家計簿以外，他的筆記除了包括物理學、數學、天文學以外，還包括煉金術、聖經年代研究等所有學術的領域。除了記錄創意和靈感以外，還記錄了他有所心得的事、重要的數值、圖表、公式等所有的事。

筆記所累積的大量資料，必然使他的言論富有說服力；從他年輕時開始，他就具備了任何人都無法反駁的威信。

文藝復興時期的大發明家李奧納多・達文西也擁有和牛頓不相上下的記錄資料。由此可以深刻體會到，天才並不是一天造就的。只有不斷累積異於常人的詳細、龐大

的記錄資料，才能夠造就他們的獨創力。

從牛頓這種無法想像的細膩中，也不難瞭解到他之所以選擇單身的理由。像他這麼細膩的人，想必沒有人能夠勝任做他太太的任務。而且，他是出了名的不喜歡與人相處……。

他注定是和學問婚配的命運，終身與學問「相知相惜」，也為世人留下了偉大的成就，這就是牛頓。

## 3 在夜市買的玩具三稜鏡

牛頓在一六六五～一六六七年的兩年期間，為了躲避鼠疫而從學校回到了故鄉伍爾索普時，也就是在二十二～二十三歲時，發現了萬有引力、微積分法（流數法）和光的分解的三大定理，充分表現出他早熟的天才天份。

但不要因此就認為牛頓的青年時期缺乏像其他孩子那樣的天眞，整天都是像哲學家一樣默默思考。

牛頓從孩提時代開始就很喜歡做事，雙手的靈巧程度無人能出其右。在二十六歲時，他自己調製合金，製成了史無前例的反射望遠鏡；他的工作能力十分受到肯定。

他的好奇心也十分旺盛，他對大自然中不可思議的現象有著像孩子般的敏銳感受性。

那是發生在他二十七歲時，擔任劍橋大學教授時所發生的事。

劍橋郡每年會舉行一次史橋祭的慶典，他在夜市看到有賣玩具三稜鏡。不知道他想到了什麼，他一口氣買了三個（這也記錄在他的家計簿上），並用在大學的光學課程上。

當時的劍橋大學比現在更具有權威主義，所以，幾乎沒有老師會想到要在課堂上使用在夜市買的玩具。

他在黑門簾上挖了個小洞，將三稜鏡放在滲透進來的陽光通道上。光立刻分解，學生們看到眼前突然呈現的七色彩虹，不禁倒吸了一口氣。

他又將另一個三稜鏡放在七色光的前方，光就聚集起來，恢復了原來的陽光。學生們再度倒吸了一口氣。

牛頓和學生們對這個實驗樂在其中，這就是牛頓在伍爾索普時所進行的著名的光的分解和聚集實驗。

當時既然已經有賣三稜鏡的玩具，可見大家已經瞭解陽光通過三稜鏡時會變成七色彩虹。

但當時都認爲原因在於三稜鏡。也就是說，由於三稜鏡中的「黑暗」將白色的太陽光進行了加工，或是陽光與三稜鏡附近的影子重疊，因而造成了彩虹。

牛頓卻證明了：三稜鏡是利用陽光中所含有的各種顏色光線不同的折射率，將光加以

牛頓的宿舍就在其中的三一學院（劍橋大學）

分解而已。

如果出現彩虹的原因在於三稜鏡本身，通過第二個三稜鏡的光線根本不可能恢復原狀。

從在夜市買的玩具三稜鏡中所表現出的對大自然的好奇心，正是牛頓超人一等的創造力的原點。

他一輩子都具備了這種對大自然的好奇心和對大自然深刻的敬畏，在他晚年所說的這句有名的話中得以充分表現——

「我之所以能夠比其他人看得更遠，是因爲站在巨人的肩膀上。……我不知道世人用怎樣的眼光看我，但我就像是在海岸尋找漂亮貝殼和光滑小石頭的少年一樣，在我的眼前，是一片充滿眞理的大海。」

這裡所說的「巨人」就是指李奧納多・達文西、伽利略、惠更斯等前輩的偉大成就。

雖然周圍的人視自己爲天才，但自己只是對科學現象產生了興趣，並在前輩的偉大成就的基礎上，從事著對探究眞理有所幫助的工作——身爲科學家，竟然可以說出這麼謙虛的話。正因爲是牛頓說這句話，才顯得更加意義深遠。

如今，日本推崇著所謂的「獨創教育」，使人誤以爲既有的知識會影響獨創性。牛頓雖然有許多獨創的豐功偉業，但不要忘記他正是仰賴前輩所累積的衆多知識，才能夠有如此的成就。

## 4 向各個領域發展的天才

被世人稱爲天才的科學家，並不是在所有的工作中都能夠獲得成功。有人說，一位「天才」科學家一生研究中的九成缺乏獨創性，是無法在歷史上留名的內容。

牛頓發現了萬有引力、微積分法、光的分解定理，並確立了運動的三法則，發明了反射望遠鏡等，完成了其他科學家花費一輩子都無法完成其中任何一項的偉大成就。如此多產的天才，似乎否定了以上的論調。

但牛頓並不是在其一生所有研究中都獲得成功的神奇人物。

他的成就只限於他完成了《自然哲學的數學原理》（四十五歲時），以及在二十～四

十歲以前以力學、天文學和數學爲中心的邏輯領域。連與力學同時開始、持續了多年研究的光學，也是到六十二歲時才出版當時招致諸多反駁的《光學》一書。

在因爲精神疾病而辭去劍橋大學教授（五十四歲）以前的四十五歲至五十五歲期間，他從事了與物理學、數學無關的聖經研究、年代記研究和煉金術等，卻沒有成功。

導致牛頓精神疾病的原因，有人認爲是與萊布尼茲（註：Gottfried Wilhelm von Leibniz，德國數學家、哲學家和政治家）微積分的先得權之爭所引起的，也有人認爲是與虎克（註：Robert Hooke，英國物理學家、天文學家，虎克定律的發現者）的萬有引力法則的先得權之爭所引起的。最近，在分析牛頓頭髮後發現，其中含有大量的汞，所以，有人推測是因爲多年研究煉金術時使用的水銀中毒造成的精神疾病。

但他並不是在四十多歲以後才突然想到要從事煉金術的研究、聖經研究和年代記的研究。事實上，他從二十多歲開始，就同時著手進行了這些研究。

也就是說，他同時精力充沛的進行著文科、理科的所有領域的研究工作，其中，萬有引力法則、微積分法等部分獲得了圓滿的結果，留下了留芳百世的偉大成就。

牛頓離開大學時，將爲數龐大的大部分手稿都裝箱帶走。這些手稿在經濟學家凱因斯（註：英國經濟學家）的協助下，如今做爲「樸資茅斯（註：英國的港口城市）珍藏」加以展出，也成爲研究牛頓的第一手資料。

多普茲從這些資料中，針對煉金術的手稿進行了徹底的調查，發現良多。例如，牛頓所提倡的光的粒子說，很可能是受到了被認爲是煉金術的一環的波以耳（註：英國化學家、物理學家）的物質粒子說的影響。

牛頓的煉金術被認爲像是在變魔術，其實，他的煉金術包括了很正統的化學。他還使用了金屬的氯化合物，從氯化汞中使水銀單獨分離出來的方法進行實驗。同時，他還努力學習當時被稱爲醫化學領域的知識，並以其中的冶金術、調配術爲基礎努力研究煉金術。反射望遠鏡的合金技術，也是從醫化學中學來的。之後牛頓成爲造幣局監督，推動貨幣改鑄時，也是以此爲根據。

觀察牛頓的一生，可以發現他是觸及所有領域的「白費力氣的專家」。但如今，連這種「白費力氣」都成爲研究的對象，可見牛頓眞的是一位天才。

## 5 使英國科學倒退一百年的滔天大罪

牛頓在表面上個性十分文靜，是個寡言的紳士。

但牛頓的性格上有十分天眞的一面，因此，心理很容易受傷；更由於他不明確表達自己意見的性格，使他很容易對他人產生怨恨。

他對否定自己、或是試圖剽竊他成就的論敵和政敵，會徹底的挑起毫不妥協的戰鬥。這種「死纏濫打」已經脫離了常軌。

他不喜歡首當其衝的與他人爭論，一定會推出一個「代言人」，自己在幕後操控。

由於牛頓的智慧超人，一旦與他結怨，後果「不堪設想」。他的這種性格造就了許多犧牲者。這位創造許多不朽成就的天才的「陰險」一面往往不爲人知。

虎克就是其中的受害者之一。虎克比牛頓年長七歲，以著名的「虎克法則」聞名。虎克個性開朗、好戰，雖然數學能力遠遠不如牛頓，但才氣洋溢，對事物的本質具有優秀的直覺能力，在性格上與牛頓完全相反。

從皇家學會成立開始，虎克就一直是皇家學會的成員，最後擔任皇家學會的會長一職，對個性陰沉、不起眼的年輕後輩牛頓百般干擾，徹底妨礙牛頓參加學會的活動。一般認爲，他之所以會有這樣的行爲，是因爲他內心對以富有邏輯的、以數學證明方式進行嚴格推理的牛頓感到十分恐懼，以及他對數學的自卑所致。兩個人之間的鴻溝不斷增加。

在虎克生前，牛頓對虎克的厭惡還表現得不那麼明顯。但在虎克死後，牛頓擔任皇家學會的會長（六十一歲），掌握了學會所有的權力。之後的行爲令人不得不「另眼相看」。

從牛頓擔任皇家學會會長到八十四歲去世的二十四年期間，爲了發洩在虎克生前所承受的多年怨恨，牛頓將虎克的成就從歷史上徹底加以抹殺，令世人感到震驚。

首先，他撤走了皇家學會中所有虎克的肖像畫。

然後，皇家學會所保存的虎克論文、手稿類完全付之一炬。

不僅如此，牛頓還從皇家學會的所有名冊中刪去了虎克的名字，完全抹去了有關虎克的歷史記錄。這種抹殺行為十分徹底，以致在目前皇家學會的所有記錄中，都完全沒有任何關於虎克的事蹟。

牛頓在五十四歲時辭去劍橋大學教授，擔任造幣局監事，之後又擔任了造幣局的官員，掌握了行政的權力。他的冶金技術成功的促進了貨幣的改鑄，避免了「不良貨幣驅逐優良貨幣」的危機，也成為當時英國經濟的救世主。

但相反的，卻因此提倡「惡人必罰」主義，以鑄造不良貨幣的罪名逮捕了超過十個以上的犯人，並處以死刑。這些人雖然是「壞人」，但以現在的標準來說，根本不需要處以極刑。但牛頓卻「佈下天羅地網逮捕這些人，並處以死刑」。

這是由不懂人際關係和人情世故的學者掌握行政權後所採取的極端行為，令當時的社會對這種恐怖政治的嚴峻感到十分震驚。

在皇家學會中，除了虎克以外，所有與牛頓對立或是曾經批判過牛頓的人，都受到了完全被趕出學界的待遇，在這種恐怖政治下，完全禁止批判牛頓的力學、數學、天文學、光學方面所有成就和學說。

從以下的事實中，可以十分淸楚的瞭解這種情況所造成的弊害。

在牛頓著作的《自然哲學之數學原理》中所闡述的幾何學實在很不好用。萊布尼茲的代數變數分離型的幾何學方便許多，至今仍然廣爲使用。牛頓沿襲了歐幾里德（註：古希臘數學家、幾何學大師）以來的傳統，用幾何學記述《自然哲學之數學原理》。

當時的皇家學會完全不允許有人對牛頓幾何的不方便性提出質疑，因此，在牛頓以後，需要大量運用數學的運動學（解析力學）的發展中心移向大陸，許多數學家、物理學家都前往以法國爲中心的大陸地區發展該學問。

拉格朗日（註：法國數學家、力學家、天文學家，生於義大利）、歐拉（註：瑞士數學家、物理學家和天文學家）、泊松（註：法國力學家、物理學家和數學家）等人的剛體力學，以及傅立葉（註：法國數學家、物理學家）的熱學都克服了牛頓力學在內容上和表現手法上的不足，都是解釋實際物體的運動和彈性變形以及熱現象的有力方法。

在只要牛頓一加以批評就無情的加以抹殺的英國學界，根本不可能有這樣的發展。

由於牛頓不爲人知的陰險和冷酷，以及掌握了皇家學會會長權力的影響力，英國的解析力學、數學的發展比歐洲大陸晚了一百年。

某一年，皇家學會在劍橋大學舉行評議會時，牛頓突然舉手要求發言。

會場頓時鴉雀無聲，大家都戰戰兢兢的在內心猜測不知道誰又要慘遭不幸了。

但牛頓只是說：「房間裡有點熱，請把窗戶打開。」

在牛頓死後，英國不曾再度登上曾經因爲牛頓的成就而成爲世界第一的「運動力學之冠」的寶座。可見牛頓的罪過是多麼深。

## ★漏網故事

### 與國王相提並論的長眠待遇

牛頓的棺木安置在倫敦西敏寺的中央，上面有一塊墓碑。西敏寺中還安置了許多位偉大的科學家，但除了牛頓以外，這些科學家的棺木旁只有浮雕型的紀念碑或是只有文字而已的牌子而已。只有牛頓例外，與國王的待遇完全相同；這也象徵著牛頓為世界做出的巨大貢獻。

### 蘋果的軼事

牛頓是看到蘋果掉落而發現了萬有引力定律。這則軼事是牛頓的主治醫師在和他一起散步時，聽牛頓說的。這位主治醫師的記述如下——

「晚飯後，氣候很宜人，我們走向庭院，兩個人在蘋果樹下喝茶。在

和他聊天時，他提到這與他當時想到重力時的狀態完全相同。當時，他剛好沉浸在思考中，被掉下的蘋果打斷了。」

## 牛頓的老家

從倫敦搭前往紐卡斯爾的火車，約一小時二十分鐘左右可以到達格蘭瑟姆，從格蘭瑟姆搭計程車十分鐘左右，就可以到達伍爾索普村，也就是牛頓的故鄉。

根據造訪此地的《歐洲科學史之旅》的作者高野義郎先生的記述，在牛頓的老家玄關正面靠左的位置，的確有一棵蘋果樹，但原來那棵蘋果樹在一八二〇年時枯萎了，現在的蘋果樹是利用原來的樹根接木而成的第二代。在牛頓老家的二樓，還有牛頓在一六六五年八月二十一日進行光的分解、聚集實驗的書房。

格蘭瑟姆鎮上有一個牛頓博物館。在格蘭瑟姆鎮附近，有一個「艾薩克·牛頓購物中心」。

# ② 愛因斯坦

出生於德國的理論物理學家

二十世紀最偉大的物理學家。藉由狹義相對論，證明了牛頓之後所相信的「時間和空間是絕對不變的」是錯誤的，重新改寫了物理學的定理。同時，導出質量與能量的等價原理，之後成爲製造原子彈的基礎理論。爲了逃避納粹德國對猶太人的迫害，逃往美國。

成就

狹義相對論
布朗運動理論
光電效應的理論說明
（獲得諾貝爾物理學獎）
（以上是 1905 年的三大論文）
廣義相對論等

## 生平簡介

| | |
|---|---|
| 一八七九 | 出生於德國烏爾姆鎮的工廠廠長家庭 |
| 一八八八 | 進入盧特堡德高級中學就讀（9歲） |
| 一八九五 | 從盧特堡德高級中學休學（16歲） |
| 一八九六 | 進入瑞士聯邦理工學院（17歲） |
| 一九〇〇 | 瑞士聯邦理工學院畢業（21歲） |
| 一九〇二 | 任職伯恩的瑞士聯邦專利局（23歲） |
| 一九〇五 | 發表光電效應的理論說明、布朗運動理論、狹義相對論等三篇論文（26歲） |
| 一九〇七 | 發表等價原理 |
| 一九一一 | 擔任布拉格大學教授（32歲） |
| 一九一二 | 擔任瑞士聯邦理工學院教授（33歲） |
| 一九一四 | 擔任柏林大學教授（35歲） |
| 一九一五 | 發表廣義相對論（36歲） |
| 一九一六 | 擔任德國物理學會會長（37歲） |
| 一九一九 | 愛丁頓（註：英國天體物理學家）觀測日全蝕時的光線，證明了廣義相對論的正確 |
| 一九二二 | 獲諾貝爾物理學獎（43歲） |
| 一九二九 | 提倡統一場理論 |
| 一九三三 | 逃亡至美國，成為美國普林斯頓的高級研究所研究員（54歲） |
| 一九三九 | 寫信給羅斯福總統表達製造原子彈的必要。 |
| 一九五五 | 反對核武的羅素—愛因斯坦宣言。去世（享年76歲） |

# 1 大眾科學的衝擊

天才在年幼時往往不太靈巧，甚至有許多是問題兒童。阿爾貝特・愛因斯坦正是最好的例子。

他在思考問題時往往需要花費很多的時間，所以被人封了一個「無聊神父」的綽號。總之，他無論做什麼事都比別人慢好幾拍，甚至被懷疑智力是否有問題。

而且，他的脾氣非常火爆，是個「一觸即發」的孩子。

他雖然在六歲時進入小學就讀，但尤其無法適應之後的高級中學的生活。當時高級中學的教育方針就是教育小孩子「中規中矩」，也難怪少年愛因斯坦無法適應。再加上父母工作的關係，愛因斯坦在十六歲時從該學校休學。

愛因斯坦在無法適應高級中學生活的十歲到十五歲期間，向整天泡在他家裡的一位猶太醫學生借了大衆科學的書本閱讀。

該書是亞龍・貝倫修坦所撰寫的通俗易懂科學入門書《市民的自然科學》。該書附有印刷精美的彩色圖片，小孩子也可以理解其中的內容。愛因斯坦讀完了全五冊的《市民的自然科學》。

之後，在研究這些貝倫修坦的著作後，發現了令人驚訝的事實。這些著作中，與愛因斯坦最重要的思想有著令人驚訝的相同之處。

也就是說，貝倫修坦在這些著作中提倡了光的粒子說，以及萬有引力可以使光產生折射的可能性。

因此，這本書對少年愛因斯坦產生了很大的衝擊。他在自傳中這麼寫道：「我是在閱讀了貝倫修坦的書後，在十二歲時結束了狂熱的信仰。」

他告別了以前曾經熱中信仰的猶太教的世界，是愛因斯坦踏向自然科學研究世界的第一步的瞬間。

除了貝倫修坦的《市民的自然科學》以外，與他父親一起經營電器工廠的傑考伯叔叔也對少年時期的愛因斯坦有著很大的影響。

傑考伯是畢業於修茲德格爾德工科大學的電力技師。他發現少年愛因斯坦具備了超群的理工方面的才華，於是熱心的教他幾何和代數。

例如，在教愛因斯坦代數時，會以捕捉不知名動物X的遊戲方式，使小孩子對學習代數產生興趣。

同時，傑考伯還帶愛因斯坦去工廠參觀，瞭解最先進的發電機和變壓機等。

或許大家不知道，愛因斯坦的狹義相對論的論文原來的題目是〈關於電力動力學的可

動物體〉，是以電力工學的角度來闡述的。所以，筆者淺顯的認爲，如果他的父親和傑考伯叔叔的工廠不是電器工廠，而是玻璃工廠或是纖維工廠，或許就不會有相對論的產生。

之後，愛因斯坦在十七歲時進入位於蘇黎世的瑞士聯邦理工科學院，除了物理和數學課以外，幾乎不去上其他的課程，都是靠向朋友借筆記應付考試。相反的，他整天都窩在物理實驗室。

他的這種平時表現受到很不好的評論，在面對曾經是電工學權威的韋伯教授時，愛因斯坦竟然沒有叫他「教授」，而是叫他「先生」，引起韋伯教授勃然大怒。

現在，在教育心理學中有一個名詞叫ＡＤＨＤ，是 Attention Deficit Hyperactivity Disorder（注意力缺失過動症）的簡稱，是一種缺乏注意力的過動障礙。雖然他平時是個經常惹麻煩的問題兒童，但在集中於自己有興趣的事時，卻有著驚人的能力。因此一般認爲，愛因斯坦應該有這種ＡＤＨＤ的傾向。

就讀盧特堡德高級中學時代的愛因斯坦

## 2 專利局的公務人員為什麼能夠發現相對論

愛因斯坦在應徵母校的瑞士聯邦理工學院助手（有人認爲是因爲他在學期間表現不良所致）失敗後，在朋友格羅斯曼的奔走下，進入聯邦專利局工作；在三十歲辭職的七年期間，從事審查專利權申請的工作。

當時，專利申請的數量並不多，所以，愛因斯坦的工作並不忙碌。

或許有人對「從事常規作業的一介公務人員爲什麼能夠發現相對論這項最先進的獨創性理論，並在歷史上留芳百世」感到不可思議。

當然，或許有人歸因於愛因斯坦是一位天才，但事實上，從專利局的公務員的職業上，也可以找到幾項成功的原因。

其實，專利審查這個職業需要具備「評估」專利是否可以通過的洞察力（直覺）。

在日本，專利審查的基準在於「前所未有」，但在歐美國家，則將重點放在「優秀」這點上。

所以，想要申請歐美國家的專利時，內容必須十分優秀，否則絕對不可能通過。

愛因斯坦每天在審查專利的腦力激盪中，不知不覺的培養了建立獨創性理論時不可或

缺的、判斷「什麼重要，什麼不重要」的洞察力。

奇蹟的一九〇五年，在他二十六歲時所發表的狹義相對論、光粒子理論、微粒子運動這三篇論文，是當時世界物理學界最受矚目的研究領域，可以讓默默無聞的研究者立刻登上學界之冠的研究項目。可見愛因斯坦的洞察力發揮了最理想的功能。

站在專利局事務桌前的愛因斯坦（1908 年）

另一方面，正因爲他是專利局的公務員，才能夠有如此偉大的發明。因爲，他的「工作很清閒」。

在審查完資料後，他可以利用多餘的時間埋頭進行邏輯推理和數值的計算，而且，得以閱讀介紹了世界最先進問題的《尖端物理》等最高級的物理學雜誌，並針對其中的內容加以思考。

理論物理學的研究需要大量能夠自由運用的時間，而且，熟讀世界最高級的雜誌，是瞭解如今世界上什麼是最先進、最熱門話題的捷徑，這些都與他的洞察力有很大的關係。

三大論文的成功，迅速開拓了愛因斯坦成爲學術界之首的路。他在三十二歲時擔任布

拉格大學教授；三十三歲時擔任母校瑞士聯邦工學院教授；在三十五歲時，成爲德國最佳學府的柏林大學教授；三十七歲時擔任物理學會會長；不斷走向成功。

可以使後進的年輕研究者獲得成功的這種努力方式，以及將所有努力和精力投入目標的方式，也是當今新人想要在既成社會中獲得成功方法的本質。關鍵在於努力思考、徹底研究最高級的情報，以及追根究柢的精神。

## 3 懷疑任何人都深信不疑的常識

並非任何人只要有時間和出色的洞察力，就可以創造出相對論。更需要能夠顚覆傳統的觀念，而且需要顚覆任何人都深信不疑的「常識」。

當時，洛倫茲（註：荷蘭理論物理學家，一九〇二年諾貝爾物理學獎得主）、馬克士威（註：英國物理學家、數學家）已經創設了電磁學，成功的說明了許多電磁現象。

但該理論中有一個很大的弱點，就是在這些說明中，使用了「絕對靜止能媒（乙太，ether）」的假設。

光等電磁波會產生干涉和折射現象，因此可以瞭解電磁波是一種振動，既然是振動，就需要有一種能夠傳達的媒介。於是認爲，在空氣中充滿了絕對靜止的、名爲「乙太」的

振動媒介。

在無風的日子，如果我們站立不動時，完全感受不到任何風；但在跑步時，全身都可以感受到風。同樣的，如果地球處於乙太的環境中，就一定可以觀測到乙太的風。

基於這種預測，邁克爾遜（註：出生於德國的美籍物理學家，一九〇七年諾貝爾物理學獎得主）等人不斷進行實驗。

在此，以比喻的方式說明他們所進行的實驗。

假設現在吹著由西向東的乙太風，那麼，從A地投向北方的牆壁後彈回的球，應該會回到比A地略偏東的位置。另一方面，從A地投向西方牆壁後彈回的球，則應該可以回到A地。

反過來說，如果直投的兩個球在遇到牆壁回彈的位置發生偏差，就可以證明的確有乙太存在。

這裡所說的球，當然就是指光。

但無論進行多次實驗，都無法觀測到乙太。投向任何方向的直行球（光）都會回到原來的位置。

在仍然假設絕對靜止的乙太存在的情況下，為了說明由於地球運動使邁克爾遜等人無法在實驗中觀測到乙太的結果，又引進了洛倫茲─費茨傑爾德（註：英國物理學家）縮短

的假設（Lorentz contraction）。

這是由費茨傑爾德提出，洛倫茲加以補充而成的理論，所有物體在乙太環境中，長度會沿著運動的方向縮短。的確，這個假設可以從數學觀點清楚說明雖然乙太存在、卻無法觀測到乙太的狀況；但是，卻無法從物理的角度解釋這種變換公式。也就是洛倫茲—費茲傑爾德縮短的變換式到底代表什麼意義？

其實，洛倫茲幾乎已經發現了相對論……。

寫有愛因斯坦筆跡的黑板
（牛津大學科學史博物館）

愛因斯坦認為「存在絕對靜止能媒（乙太）的想法有問題。應該拋棄乙太的概念，認為空間本身就會伸長、縮短」。

當拋棄了牛頓以後一直認定的「時間和空間是絕對不變的」想法後，愛因斯坦發現洛倫茲的變換公式代表了成為所有法則基礎的時間和空間的固有性質，也因此在一九〇五年發表了狹義相對論的論文。

當時，愛因斯坦是以光速不變的原理做爲狹義相對論的前提。

以「相對性」和「光速不變」爲二大前提的狹義相對論所歸納出的 $E = mc^2$ 的公式，在以製造原子彈爲首的各種方式中，都獲得了證明。

## 4 不看書的天才

愛因斯坦在成人後，幾乎不看書。從以下這則有名的軼事中，就可以瞭解這個聽起來不太可能的事其實是毋庸置疑的事實。

愛因斯坦爲了逃避希特勒對猶太人的迫害而逃亡美國，在獲得美國國籍後，進入普林斯頓高級研究所成爲正式研究員。當時，在之後獲得諾貝爾獎的日本著名物理學家湯川秀樹前往該研究所拜訪了愛因斯坦。當湯川走進愛因斯坦的房間時，不禁大吃一驚，因爲，在愛因斯坦的房間中竟然沒有書籍。

一般認爲，從根本改革了物理學的世界頂級大理論家，應該整天埋首在古今中外的書籍和文獻中進行研究，但在愛因斯坦的房間內，只有被稱爲名著的歐幾里德（註：古希臘數學家、幾何學大師）的「原論」和牛頓的物理書等約十冊左右，整整齊齊的排列著，即使包括學會論文集和惠贈論文等文獻類的資料，也不會超過一百冊。

愛因斯坦是憑著直覺和獨創力改革了物理學理論。

當然，對於論文和文獻等能夠瞭解學術界最先端動向的資料，愛因斯坦會積極閱讀。但他僅止於閱讀這些資料而已，對於現成的理論書籍、教科書類幾乎沒有興趣。

愛因斯坦所寫的論文也很富有個人風格。他在寫論文時，幾乎不曾引用其他人的論文。

大多數理論物理學論文的一半都是引用和批判前人的理論，但愛因斯坦的論文首先提出現狀的課題，然後是富獨創性的思考和推展，最後是預想實驗和檢討課題；很少引用、批判前人的論文，只是以簡潔的方式表達本質而已。

因此，愛因斯坦的每篇論文都很短，而且是歷史上的著名論文；在他所有的論文中，都貫徹了「眞理是單純的」信念。

新理論建設不需要多餘的情報，這是他終身貫徹的原則。

順便一提的是，華特遜和克里克（英國分子生物學家，一九六二年諾貝爾生理學或醫學獎得主）第一次發表ＤＮＡ模型，獲得諾貝爾獎的論文在《自然》雜誌上也只有一頁半的篇幅而已。

「越是富有獨創性的著名論文越短」似乎是一項眞理。

愛因斯坦晚年的統一場理論與奇蹟的一九〇五年的三大論文相比，竟然出人意料的長，而且，也無法稱之爲成功。

# 5 晚年的大失敗

研究自然的方法大致可以分爲二大類。

第一種是憑直覺從少數的原理演繹出自然的法則，建立理論體系的方法。

另一種方法是歸納、整理資料後，建立假設，並在驗證的過程中建立理論體系。

前者是理論物理學特有的方法，後者是生物學、地理學特有的方法。但在某個對象上獲得成功的方法，並不代表在其他對象上也能夠適用。晚年的愛因斯坦的統一場理論和宇宙論的失敗，多少與這種方法論選擇的失誤有一定的關係。

二十六歲的狹義相對論、三十六歲的廣義相對論的成功，具有相當的局限性。也就是說，是說明觀測者所看到的某個對象的相對現象，並不是對本來的現象進行本質性的解釋。例如，從地球上看搭乘光速火箭的人歲數不會增加，但對搭乘光速火箭的人，以生物學的觀點來說，年齡確實在增加。也就是說，本質的現象依然存在。由於並非針對本質的現象加以說明，因此，是藉由不斷去除贅肉式的演繹手法獲得成功。

愛因斯坦在普林斯頓高級研究所研究的統一場理論，是將電磁場與重力場統一後，記述粒子在這個「統一場」內的表現。

電力、磁力以及重力（萬有引力）的公式都是開根號，由於形式十分相似，因此，愛因斯坦認為一定可以用統一的公式加以表現。

但這項研究需要的是從各式公式背後所存在的「場」進行徹底的研究，並腳踏實地的加以整合；應該說，需要的是歸納的方法。然而，愛因斯坦仍然使用依賴直覺的演繹的方法。也因此使得公式變得無限複雜，使之大大偏離了「自然的眞理既單純又美麗」的信念。

由於公式化十分複雜，因此，愛因斯坦認為並非眞正的統一場公式而沒有發表，但一旦單純化後，就立刻公諸於世「這是決定版」、不久又訂正其中的錯誤等，使自己陷入了泥沼的混亂中，最後喪失了學術界對他的支持。最後，他的直覺性手法無法適用，也無法得出統一的公式。大自然的變化使一位天才成為過去式的人。

筋疲力盡的愛因斯坦最後絕望的留下一句話——「上帝拋棄了我」。令人印象深刻。

## ★漏網故事

### 愛因斯坦之旅

世界各地都有「愛因斯坦之旅」。日本有時候也有類似的旅行節目，參觀的地點大致相同，以愛因斯坦的生平加以排列，就是烏爾姆的老家、

路易堡高級中學、蘇黎世的瑞士聯邦理工學院、瑞士專利局（內設有紀念館）、柏林大學、普林斯頓高級研究所等。這些愛因斯坦的聖地很受物理學家和科學歷史家的歡迎。

## 日本德島的農村有愛因斯坦的親筆簽名

在日本德島縣穴吹町舞中島的光泉寺中，有一座墳墓的墓碑上刻著德語的追悼文和愛因斯坦的親筆簽名。墓主是三宅速夫妻。愛因斯坦與三宅速的因緣源自一九二二年（大正十一年），那一年，愛因斯坦曾前往日本訪問。

那一年，愛因斯坦在從馬賽港出發前往日本的船上得知自己獲得了諾貝爾獎。同時，他因為腸胃炎差點喪命。剛好，參加國際外科醫學會回日本的九州大學三宅速也在那條船上。三宅速救了愛因斯坦一命，得以安全的進入神戶港。

一九四五年，第二次世界大戰結束的兩個月前，三宅速因為岡山遭到空襲而在七十八歲死亡。當時，六十六歲的愛因斯坦寄了一封追悼文，因此，才會刻在墓碑上。

# 3 湯川秀樹

日本的理論物理學家

成就

介子理論
（獲得諾貝爾物理獎）

倒底是什麼力量促使構成原子核的質子和中子相互結合？關於這個問題，湯川秀樹預言了存在著未知粒子「介子」，爲該力量的媒介。三年後，眞的發現了介子的存在，一九四九年，湯川秀樹成爲首位獲得諾貝爾物理學獎的日本人。爲在大戰後荒廢中掙扎的日本人民帶來了希望，也成爲日後日本科學技術發展的基礎。

## 生平簡介

一九〇七　出生於東京，為地質學家小川琢治的三子

一九二三　進入第三高等學校

一九二六　進入京都帝國大學理學院物理學系

一九二九　京都帝國大學畢業，與朝永振一郎一起成為不支薪助手（22歲）

一九三一　追隨原子核理論的仁科芳雄

一九三二　成為京都帝國大學理學院講師，教授量子力學。與湯川SUMI結婚，將姓氏改為妻子的姓湯川（25歲）。

一九三四　成為大阪帝國大學理學院專職講師。發表介子理論（27歲）。

一九三六　成為大阪帝國大學副教授。

一九三七　安德森（註：美國物理學家，一九三六年獲得諾貝爾物理獎）在宇宙線中發現介子

一九三九　成為京都帝國大學理學院教授（32歲）

一九四八　成為美國普林斯頓高級研究所客座教授

一九四九　獲得諾貝爾物理獎。成為哥倫比亞大學教授。發表非區域場理論（42歲）

一九五三　京都大學基礎物理學研究所所長（46歲）

一九五七　參加第一屆巴格窩休會議（註：專門討論核武裁軍等科學和世界問題的會議），促進國際廢除核武運動

一九八一　去世（享年74歲）

# 1 湯川的得獎改變了諾貝爾獎的性格

諾貝爾獎是根據發明硝化甘油炸藥（dynamite）而致富、並在一八九六年去世的瑞典化學家阿爾弗雷德・諾貝爾的遺囑，將三千三百萬克朗的基金所產生的利息加以運作，成爲目前最高的國際性大獎。

諾貝爾獎的對象包括物理學、化學、生理學醫學、文學、和平，以及一九六九年以後增加的經濟學，總計六個領域，每年十二月十日頒發給有國際性成就的人。

第一次諾貝爾獎在一九〇一年，分別頒給了倫琴（德國物理學家，物理學獎）、范托霍夫（荷蘭物理化學家，化學獎）、貝林（德國細菌學家，生理學醫學獎）、普留多姆（法國文學家，文學獎）、鄧南特（瑞士人道主義者，國際紅十字會創始人，和平獎）和帕西（法國經濟學家、國際仲裁倡導者，和平獎）。

居里夫人在一九〇三年以放射能的研究獲得諾貝爾物理學獎，一九一一年又再度以發現鐳獲得諾貝爾化學獎，也因此獲得兩次諾貝爾獎；之後，規定每個人一生只能獲得一次諾貝爾獎。

在諾貝爾獎的自然科學領域的物理學、化學和生理學醫學中，「有最重要的發現和發明的人」為評定的原則。也就是說，會將獎項頒給發現對學問的發展會產生決定性影響的重要事實和物質的人，或是實驗裝置的發明家。

基於這項原則，即使日後能夠證明該「理論」的重要性，也無法成為諾貝爾獎的提名對象。

例如，一九〇五年，愛因斯坦的三大論文中，最重要的狹義相對論和運動理論都無法成為諾貝爾獎的評定對象；他獲得一九二一年度諾貝爾物理獎的，是第三篇論文的光電效應理論說明（量子理論）。

雖然有人認為光電效應的理論說明也是一種理論，但由於是建立在實驗事實基礎上的理論說明，所以，屬於實驗事實的發現。

這就是想要給予愛因斯坦的三大理論中的某一項理論頒發諾貝爾獎的諾貝爾獎委員會令人感到哭笑不得的解釋。

門得列夫的週期表也是改變歷史的重大發現，但在發表當時，被認為是單純的理論，所以，在諾貝爾獎的評定中，反對票超過了贊成票。

因此，雖然諾貝爾獎很不公平的無法肯定某些重要的理論，但也曾將獎項頒給一些微不足道的發明和發現，令人感到莫名其妙。在一九四〇年代前期，諾貝爾獎的權威性也有下滑的趨勢。

獲亞德爾夫皇太子頒贈諾貝爾物理獎的湯川秀樹

因此，一九四九年，湯川憑「介子理論」獲得諾貝爾物理獎，在諾貝爾獎發展上，具有劃時代的意義。

最大的不同是，該獎項是頒給湯川的「理論」。他只是在「理論」中預言介子的存在。在這點上，與從週期律中預測了三個未知元素的門得列夫完全相同，但時代的變遷使湯川可以因此獲獎。

當然，在一九三四年的「介子理論」發表三年後，很幸運的實際發現了「介子」的存在也是原因之一，但湯川的獲獎使諾貝爾獎得以對「理論」重新評價。

之後，無法再藉由個別事實的發現獲得諾貝爾獎，任何發現都必須具備富必然性的理論。

也就是說，只有同時具有理論和實驗綜合性的成就，才能夠獲得諾貝爾獎，諾貝爾獎的性格發生了改變。

也可以說，諾貝爾獎只頒給綜合的體系，因此，諾貝爾獎變成一項越來越不容易獲得的獎項，只有團體研究、需要耗費大量資金的大型、高層次的項目才能獲獎。正是湯川的獲獎改變了這一切。

除了這是首次「理論」獲得諾貝爾獎以外，湯川也是第一位在自然科學領域獲得諾貝爾獎的日本人，同時，也是東亞的第一次獲獎。

因此，湯川的獲獎具有十分深遠的意義。

以前的諾貝爾獎都是白人社會內的沙龍式獎項，有點人氣投票獎項的意味，因此，曾經有過國際性成就的菊池正士（物理學）、北里柴三郎、野口英世（二人都是生理學醫學）卻無法獲獎。

獲得衆人認同的東洋天才（湯川秀樹）的獲獎，對消除科學家的社會人種障礙做出了巨大的貢獻。

之後，日本人的朝永振一郎（一九六五年，物理學）、江崎玲於奈（一九七三年，物理學）、福井謙一（一九八一年，化學）、利根川進（一九八七年，生理學醫學）、白川英樹（二〇〇〇年，化學）相繼獲得諾貝爾獎。

## 2 家中的書堆會讓人迷路

談到湯川秀樹的成長，最重要的當然是他的親生父親小川琢治。父親對他的影響十分大。

秀樹本姓小川，在二十五歲時入贅進入湯川家。他的親生父親小川琢治是地質學家，秀樹出生時，小川琢治在東京地質調查局工作。在秀樹出生的第二年，他父親成為京都帝國大學的地質學教授，舉家遷往京都。在秀樹進入京都帝國大學理學系時，他父親擔任系主任。

小川家是世代的中國文學學家，琢治除了專業的地質學、地理學以外，對中國學、考古學、歷史和文學也有十分濃厚的興趣，是一位十分執著而又徹底的藏書家。

這種超乎異常多方蒐集文獻資料的結果，使包括三子秀樹在內的五子二女的家中堆滿了數萬冊各個領域的書籍，其數量多得使秀樹經常會在書堆中迷路。

在年幼的秀樹眼中，一定覺得自己身處森林中。有時候，當堆得比人還高的書堆倒下時，秀樹甚至被壓在底下。

由於書籍無限制的增加，因此，他們經常必須搬往更大的房子。搬家時，至少需要三

秀樹的兄弟與父母

輛貨車才能搬完數萬冊的藏書。

湯川在晚年的懷舊談話中，曾經說過這樣一句話——

「從我懂事時開始，就生活在書堆中。」

由於生活在這樣的環境中，他經常進入父親的書房，隨手翻閱古今中外的文獻。在父親的幫助下，閱讀簡單的文獻成爲從不和小朋友在戶外玩耍的、沉默的少年秀樹最大的樂趣。

當然，由於他只是個小學生而已，因此，少年秀樹並無法理解古今中外的語言。但他雖然無法瞭解其中的細節，卻已經可以把握大致的內容，在當時已經表現出天才的跡象。

秀樹的祖父是中國學家，在秀樹年幼時，祖父曾經讓他接觸過中國古典文化。

秀樹在高中時代，開始用德語原文閱讀普朗克（註：德國理論物理學家，一九一八年諾貝爾物理

學獎得主）的《理論物理學》五卷、玻恩（註：英國籍物理學家，生於德國，一九五四年獲得諾貝爾物理學獎）的《原子力學的諸多問題》、薛定諤（註：奧地利物理學家，一九三三年諾貝爾獎物理獎得主）的《波動力學論文集》等艱深的原典和先進的論文集。

他之所以會德文，是因為經常在父親的書房閱讀外文書籍的過程中，因為需要而不得不掌握的語言。雖然學會一門語言並不容易，但理科學的論文和書籍比文學書籍的內容清楚得多，語言也比較簡單，即使高中生也可以加以理解。關鍵在於要不要學。

對秀樹而言，家裡本身就是一座圖書館、研究所。湯川身為理論物理學的研究人員，還同時熟悉中國學、東洋學、老子和莊子思想，具有獨特的廣闊視野。

生活在一個培養知性創造力的最佳環境中，湯川自己憑著物理學成為京大教授，他的長兄小川芳樹以冶金學成為東大教授，次兄貝塚茂樹以東洋史學、弟弟小川環樹以中國文學分別成為京大教授。不愧為典型的學者家庭。

暫且不談能力是否會遺傳，但從湯川家兄弟的實例中，尤其是秀樹的學問成長中可以發現，環境的影響決定了是否能夠充分發揮這些能力。

## 3 令壞孩子肅然起敬的「伊凡少年」數學才能

秀樹從小表現出的數學才能屬於一種天性。在小學三年級時，他已經能夠自己推算出在高中數學中學習的等差級數之和的公式。

他從小就是個沉默寡言、喜歡讀書的小學究。他用京都話「伊凡（註：與『不說』的發音相同）」宣言自己不說廢話，因此有了一個俄國式的綽號「伊凡少年」。由於他的這種性格，再加上他很瘦小，所以在中小學時代經常被人欺侮。

在舊制中學（相當於現在的高中）一年級時，「伊凡少年」經常被個性粗暴、體格壯碩的三年級柔道社學長欺侮。

這位體格壯碩的學長整天用身體撞擊伊凡少年的身體，以陰險的方式欺侮他。秀樹也從不抵抗，只是忍氣吞聲的承受著這位學長的欺侮。

但是到了月考前夕，這位功課不好、尤其是對數學一竅不通的學長的態度卻一下子有了一百八十度的大改變，頓時變得十分乖巧，以一種十分奇妙的表情，和其他幾位功課不好的柔道社同學一起，聽著平時一直被自己欺侮的伊凡少年預測數學考試中可能會出現的考題。

這時候，完全是主客顚倒，秀樹好像是一位熟練的教授一樣侃侃而談，甚至有著不錯的風範。在數學方面擁有超群才華的他，雖然只是一年級，卻已經靠自學掌握了三年級的課程。

但月考一結束，那位學長又開始像以前一樣欺侮秀樹；等到下一次月考來臨，那位學長又開始變得乖巧……。

在年輕時已經展現出數學天份的秀樹，從舊制高中畢業時，進入京都帝國大學理學系的數學學科是他的第一志願；誰都不會懷疑，他將來會成爲一位偉大的數學家。

然而，正如在下一節將要闡述的，一個偶然的命運惡作劇使他發現了大自然的驚奇，也引導他進入了物理的世界。並且運用了與生俱來的數學能力，成爲一位成功的理論物理學家，並成爲第一位獲得諾貝爾獎的日本人。

## 4 從數學走向物理研究的轉捩點

在從舊制高中畢業時，秀樹心中的第一志願是自己一直嚮往的數學學科，而不是物理學科。

但在將志願書交給京都帝國大學理學系時，他曾經對自己是否眞的要讀數學科有所猶

豫。

「由於可以利用數學做爲道具，我當然應該學習數理系，但我將來要研究的，應該是別的『目的』學科。」

他最終將第一志願改爲物理學科，而不是數學科，並不是因爲老師的建議，也不是父母的意見。湯川自己回憶說，是因爲在高中生活最後階段的理科課堂上，看到老師的「失敗」實驗後，留下了強烈的印象。

俗話說，失敗是成功和飛躍的契機，失敗同時也是一種轉機。然而，能夠給天才造成如此大影響的「普通課堂」的事例並不多見。

這位老師進行的是硫酸銅溶液的電傳導度的實驗。如今的中學課程也經常在課堂中進行此項實驗，當時是電化學的經典實驗。

在U字的玻璃管中加入硫酸銅溶液，在玻璃管的二個口中浸入附有橡皮栓的白金電極。再連結導線，從流過電池、電流計的電流值，計算出液體的電傳導度。

教師安裝好裝置後，首先測定了電流值的某個數值。

有一項法則顯示，電流值與玻璃管的橫面積成正比。這位教師是有點研究精神的人，所以，爲了證明這項法則的成立，改用較粗的玻璃管，理所當然的認爲電流值應該增加，因此，自信滿滿的按照同樣的方法測定。

然而，原本應該增大的電流反而出乎意料的變小。老師感到很不可思議，於是再改用較細的玻璃管做相同的實驗後，電流反而變大。

實驗結果完全出乎意料；但如果一端使用較粗的玻璃管，另一端使用較細的玻璃管時，也得到了令人意想不到的結果。

這位老師驚惶失措，雖然想要盡快結束實驗，但實驗變得更加「越發不可收拾」，他只能站在講台上不知所措。

看到權威落地的老師後，一些研究心旺盛的優秀學生反而覺得十分有趣，「我們來思考一下到底會有什麼答案。」

如今，雖然可以用電解學的複合現象說明對這種混亂現象加以解釋，但以當時學生的實力，實在很尋找出滿意的答案。然而，這種戲劇化的現象卻令秀樹深刻體會到科學的奧秘，也因此決定自己要學習物理學。

秀樹對完全推翻預想結果的大自然的複雜、以及能夠解釋這種現象的物理學學問的深奧有趣產生了莫大的興趣。

這位年輕的天才憑自己的直覺力瞭解到，實驗之所以會失敗，絕對不是因爲老師的學習不足或是準備不足，而是自然本身就具有著可怕的本質。

曾經漠然的決定要成爲數學家的秀樹，因爲這場戲劇性的體驗，毫不猶豫的將第一志

願從「數學科」改爲「物理學科」，幾天後交了出去。

這位默默無聞的老師因爲自己課堂的失誤而扮演了歷史上最佳的「反面教師」，爲日本和世界的自然科學發展帶來了一份厚禮。

## 5 在練習傳球時想到了介子的概念

秀樹完成畢生最大成就「介子理論」的前夜，這個世界的物理學界還熱中於原子構造的話題。

一九三二年，英國的查德威克（註：英國原子物理學家，一九五三年諾貝爾物理獎得主）發現了中子，海森堡（註：德國理論物理學家，一九三二年諾貝爾物理獎得主）認爲原子核是帶有正電的質子和沒有帶電的中子構成，帶有負電的電子在原子核外圍繞，也就是現在的原子形式。

然而，如何證明原子核中的質子和中子（核子）之間所存在的牢固結合力（核力）的存在，就成爲一個很大的問題。

秀樹從質子吸收電子和微中子後變成中子的費米（註：義大利物理學家，一九三八年諾貝爾物理獎得主）的實驗結果中獲得靈感，電子和微中子在質子和中子之間像在丟球、

接球一樣，只要這種關係持續，質子和中子就會緊密的結合在一起；也就是說，藉由存在於二個粒子之間的微小粒子的交換獲得力量（交換力），也是全世界第一位想到量子力學的獨特力量的人。

湯川如此回憶道：「我每天晚上都在想同一件事（到底是什麼使核子結合在一起），發現天花板的年輪圖案的一部分的有兩個年輪中心，外面的年輪是以葫蘆形圍繞著中心。第二天白天，在玩丟球、接球遊戲時，突然想起前一天晚上中心有兩個連在一起的葫蘆形年輪。然後，突然看到手上準備丟出去的球，想到了粒子之間也像是這樣丟球、接球，所以，不會產生排斥，聚集在一起，形成了原子核。」

之所以會想到年輪，是受到已經發表的海特萊與倫敦（註：美國籍理論物理學家，生於波蘭）的氫分子共有的結合理論影響。他們對H原子不會排斥成為$H_2$分子感到十分不可思議，因此，提出了二個原子核共有最外殼的二個電子而安定的結合在一起。

質子和中子（核子）之間像丟球、接球一樣交換著粒子（電子和微中子），藉此產生交換力（核力）的嶄新創意，就好像兩隻狗（質子和中子）咬著骨頭（電子和微中子）而無法離開一樣。

秀樹在說明交換力時，經常使用這兩隻狗和骨頭的比喻方式。

但在發表這項理論前，當他計算這項交換力的大小時，發現如果交換的粒子是電子，由於質量太小，所以產生的核力比實際核力小得多。於是，他就反過來推論，在電子和質子、中子中間，具有某種有質量的新粒子（介子）存在，如此才能符合實際核力的大小，如此，就完成了介子理論。

事實上，湯川秀樹一直深受失眠之苦。如果沒有失眠的問題，就不會看到天花板上的年輪，或許也就不會發現介子理論。

## ★漏網故事

### 驚人的整理能力

湯川秀樹過世時，他的遺物的整理完善令人刮目相看。他的論文和著作都按照不同的年代排列得整整齊齊，位於京都大學基礎物理學研究所一角的湯川紀念館被稱為「是湯川自己建立了紀念館」。尤其很擅長在歷史上定位自己的工作。

以前，該紀念館只針對研究人員開放，但現在只要向基礎物理學研究所的事務室打一聲招呼，就可以入內參觀。

## 喜歡《倒海蜇》

湯川秀樹在一本小型的專業雜誌的對談中透露：「我在年輕時，很喜歡《倒海蜇》。」由於這是一本發行量很少的專業雜誌，所以，湯川秀樹一定以為沒有人會看，才不經意說出這麼一段。談到諾貝爾獎受獎者，大家一定以為他是個拘謹的人，事實上，所謂「英雄好色」。從這點上，或許也可以瞭解他的思想多麼富有彈性。

# 4 居里夫人

出生於波蘭的法國物理學家、化學家

成就

放射線及放射能研究
釙的發現
鐳的發現

放射線學之母。發現了具有強烈放射能的釙、鐳二種新元素，奠定了之後的核物理學的發展。以「放射能」的研究與丈夫皮埃爾、貝克勒爾（註：法國物理學家）共同獲得諾貝爾物理獎，而後發現「鐳」又獲得諾貝爾化學獎，一生中兩度獲得諾貝爾獎。在第一次世界大戰中，設計了X光體檢車，在前線協助傷病兵的治療。

## 生平簡介

| | |
|---|---|
| 一八六七 | 出生於波蘭華沙。父親是中學物理老師，母親是女子學校校長 |
| 一八八三 | 畢業於華沙國立女子學校（16歲） |
| 一八八四 | 擔任寄宿家庭教師，賺取生活費（17歲） |
| 一八九一 | 進入巴黎大學理學院物理學系（24歲） |
| 一八九三 | 巴黎大學理學院物理學系第一名畢業 |
| 一八九四 | 巴黎大學理學院數學系第二名畢業 |
| 一八九五 | 與皮埃爾．居里結婚（28歲） |
| 一八九八 | 發現了比鈾的輻射能高數百倍的新元素，──「釙」。並預言還存在著更強大放射能的元素「鐳」（31歲） |
| 一九〇二 | 成功地分離出0.1公克氯化鐳 |
| 一九〇三 | 與貝克勒爾、丈夫皮埃爾共同獲得諾貝爾物理獎（36歲） |
| 一九〇六 | 皮埃爾死於交通意外。繼亡夫之位任巴黎大學第一位女性講師（兩年後成為教授） |
| 一九一〇 | 成功分離出金屬鐳（43歲） |
| 一九一一 | 獲得諾貝爾化學獎（44歲） |
| 一九一四 | 開發X光體檢車，協助前線救援傷兵。鐳研究所首任所長（47歲） |
| 一九二一 | 訪美國，由美國總統贈送一公克鐳（54歲） |
| 一九三四 | 死於白血病（享年66歲） |

## 1 夫妻同心協力，持續了八年的單純作業

一八九三年，瑪麗．史克羅德史卡（之後的居里夫人）從巴黎大學的理學系和文學系部門組成、統稱索魯本大學的物理學系第一名畢業。第二年，又以第二名的成績從數學學科畢業。畢業後，立刻與實驗物理學家皮埃爾．居里結婚。當時，瑪麗二十八歲，皮埃爾三十六歲。

兩個人在蜜月旅行中，談到了想要在新領域的共同研究中有所成就的夢想。

剛好在那一年，倫琴（註：德國物理學家，一九〇一年諾貝爾物理學獎得主）發現了X線。

第二年，貝克勒爾發現鈾化合物可以發出放射線（當時稱爲貝克勒爾線）。於是，居里夫人決定要將研究貝克勒爾線做爲自己的研究課題。

將貝克勒爾線命名爲放射線並將能夠釋放出放射線的性質定義爲放射能的，也是居里夫人。

研究鈾礦石和鈾化合物的居里夫人發現，只有鈾、釷等特別的元素才具有放射能。

但在研究一種名爲晶質鈾礦（pitch blende）的鈾礦石時發現，該礦石發出的放射線比

當時發出最多放射線的鈾還高四倍。

於是，居里夫人堅信，除了鈾和釷以外，還有其他具有放射能的未知元素，就和丈夫一起投入了分離該元素的工作。

夫妻二人決定要共同研究這個未知的放射性元素，皮埃爾暫時中斷了自己的研究，在八年期間，協助妻子分離未知的放射性元素。

他們向索魯本大學借了一間破爛的解剖學教室，並開始工作。

波希米亞運來的晶質鈾礦雖然會送至大學正門，但從大學正門搬到實驗室卻是皮埃爾的工作。

皮埃爾整天都背著裝著沉重礦石的袋子，穿梭在大門和實驗室之間。

晶質鈾礦被搬到實驗室後，必須仔細的磨成粉末。這也是皮埃爾的工作。

之後，就是瑪麗的工作。

首先，將磨碎的礦石粉末放入裝有硫酸的巨大鍋中充分攪拌。於是，石頭的部分就會沉澱，金屬的部分就會溶解在硫酸中成爲硫酸鹽。於是，就可以將包括鈾、釷和未知元素在內的金屬部分以硫酸鹽而加以分離。

之後，再使用除了硫酸以外的其他各種溶媒，以同樣的方式，在分離沉澱和溶解物的同時，最後達到分離未知元素鐳的目的。

居里夫人發現了鐳的實驗室

雖然居里夫人是以第一名、第二名的成績畢業於巴黎大學的秀才，但這是她在物理學和數學方面的才華；在化學方面，尤其是這種分析化學方面，和皮埃爾一樣，完全是外行。

這對完全是外行的夫妻開始進行的新元素分離作用，無論對他們自己，還是認同他們的索魯本大學來說，都是一場大賭局。

夫妻二人將所有的財產都投入了運輸晶質鈾礦以外，還將人生最佳的研究適齡期耗費在這項單純作業上。學校方面則支付了器材、藥品等龐大的費用。

這種似乎永無止境的作業，在第二次終於獲得了成功。

第一次作業（花費了四年時間，使用了四噸晶質鈾礦）中，雖然出乎意料的分離出釙，但卻因爲無法分離鋇和鐳，而無法成功的分離出鐳。

鋇和鐳屬於同族元素，化學性質十分相似，會同時溶解於某一種溶媒或同時不溶於另一種溶媒，以較粗淺的方式無法成功的將二者分離。

因此，在第二次作業時，利用了兩種元素溶解度的微妙差異的方法。

以比喻的方式說明如下——

將鋇和鐳的混合物溶於某種溶媒時，一部分會產生沉澱，在剩餘的溶液中，所含有的鋇和鐳的比例為4比6。將這個4比6的溶液再溶於相同的溶媒，該溶液中的鋇和鐳的比例就是在原來的4比6的基礎上，進一步變成4比6。只要不斷重複該過程，就可以使鐳的純度無限接近百分之百。

這種方法的困難之處，在於重複作業的過程中，雖然鐳相對鋇的比例不斷增加，但溶液中的絕對量卻不斷減少。

因此，需要大量進行。同時，必須於中途放在燒盤中乾燥、濃縮。在此過程中，使用了五千個燒盤。

第二次作業也花費了四年的時間。

最後，終於完全去除了鋇，成功的分離出0.1公克氯化鐳。

之所以以氯化鐳的方式分離，是為了使鐳容易成為離子所進行的處理。鈾很難以離子化，以這種方法可以獲得純粹的金屬鈾。

純粹的金屬鐳可以藉由電解氯化鐳的方式獲得，但這也是居里夫人在八年後完成的成就。

第二次作業中，也使用了四噸晶質鈾礦，但最終只獲得0.1公克氯化鐳。只是在燒盤上留下一個黑點而已，但卻發出強烈的藍白光。

經由測定後，決定原子量爲225.9（實際應爲226.0），確定了新元素的誕生。這也成爲她第二次獲得諾貝爾獎的主因。

完全外行的居里夫婦之所以能夠發現鐳，或許是因爲只有利用這種溶解度微妙差異的人海戰術的濃縮方法（居里夫婦的方法），才能夠濃縮放射性物質。

之後，美國將鈾235從0.7％濃縮至100％，製造了原子彈，也是運用了居里夫婦的方法，但只是在大規模工廠中藉由機械化大量製造而已。

在學問發展的初期，即使是物理學家，也必須不斷進行這種單純化學（濃縮作業）。而且，在那個時代，做與不做也決定了走向成功與否的分歧點。也就是說，走向成功的道路十分明確，並且瞭解這是一條十分艱辛漫長的路的情況下，是否能夠堅定勇敢的跨出那一步。

總之，如果缺乏對眞理的堅定信念，就無法完成這項被稱爲一千萬分之一的濃縮作業。

## 2 表現出野心家氣勢的命運之夜

創造瑪麗·史克羅德史卡與皮埃爾·居里邂逅契機的，是瑪麗的指導教官——培羅教授。

他看到熱心讀書、成績優秀的瑪麗過著貧窮的生活，認爲自己應該伸出援手，於是，就推薦瑪麗應徵由當地工會在大學進行的產學共同研究，以便獲得獎學金。

在製作報告書時，爲了蒐集必要的資料，培羅教授就將瑪麗介紹至理化學校的實驗室。而三十多歲的皮埃爾·居里正是那個實驗室的教授。

身爲醫生的兒子，兄長也是物理學家的皮埃爾，自索魯本大學畢業後，已經發現了壓電、居里溫度（磁性消失溫度）等當今仍然十分聞名的現象。在學問上，皮埃爾屬於第一級的人物。

他雖然已經到了適婚年齡，卻沒有什麼女人緣，當看到突然「降臨」的美女、聰明的瑪麗後，立刻一見鍾情。他向瑪麗展開的情書攻勢十分有名。

但熱中於研究，想要盡快得出實驗結果、以便完成報告書的瑪麗，卻拒絕了皮埃爾提出交往的要求。

當時，瑪麗已經完成了畢業課程，準備回到祖國波蘭，繼承父親的志業，當一名物理教師。

如果皮埃爾的攻勢稍微弱一點，就不可能造就在歷史上留芳百世的居里夫人，核物理學的發展也會大幅落後。但之後的發展卻十分富戲劇性。

某一天，當瑪麗結束所有的實驗，正整理行李準備回國時，皮埃爾問她：「要不要來我老家玩一玩？」

由於是恩師的邀請，而且也基於感謝皮埃爾的照顧，瑪麗就答應了。但實際上這一切都是事先安排好的。

果然不出所料，在皮埃爾老家，他向瑪麗求婚。然後，她在考慮一晚後終於答應了。居里夫人也因此誕生。

但當受到對方「來我老家玩」的邀請時，即使是整天埋頭於讀書、不懂得人情世故的瑪麗，也應該知道自己受邀前往所代表的意義。

因此，不妨認爲瑪麗選擇了留下巴黎，發揮自己的才華，成爲一名研究者；而放棄了回到祖國波蘭當一介物理教師終其一生的念頭。

秀才女子一心想要在巴黎尋求發展的志向，與雖然家境富裕、也有相當研究成就，卻毫無女人緣的「書呆子」的專情擦出了火花。與其說是命運的邂逅，更確切的說，是雙方

渴望已久的邂逅。

況且，瑪麗所投入的、也使得皮埃爾放棄原來的研究一同參加的鐳研究（核科學），是當時後進研究人員唯一能夠獲得名聲的領域。

皮埃爾雖然在向瑪麗求婚時展現出不屈不撓的堅強，但其實卻是個優柔寡斷、猶豫不決的人。但在富有行動力的瑪麗的帶領下，也激發了皮埃爾的企圖心。

這對有著強烈企圖心的夫妻將所有精力都投注在科學上，並完成了在歷史上永垂不朽的成就。

## 3 哈定總統贈送給居里夫人的一公克鐳

居里夫人在第一次世界大戰中，設計了X光車，並建立一支雄偉的醫療部隊，為超過一百萬的傷兵動手術取出了子彈。

同時，她對鐳在癌症治療上的應用也十分盡力，更成爲索魯本大學的第一位女教授，提升了女性科學家的地位。

除了這些對人道、社會的貢獻以外，由於她偉大的科學貢獻，一九二一年，美國哈定（Warren Harding）總統在白宮將當時唯一的濃縮工廠製成的一公克鐳贈送給居里夫人。

坐在 X 光車內的居里夫人

這場「贈送劇」是由美國某婦女雜誌記者梅羅尼（麥隆內）夫人主辦的「放射線女王居里夫人來訪」的全美宣傳活動所主導的，購買一公克鐳所需要的十萬美金都是從居里夫人在訪美過程中舉行的演講會的收入中支出的。

美國人對造訪美國的居里夫人表示由衷的歡迎，熱心的傾聽她介紹新的放射學，以及訴說提升女性地位的演講。

居里夫人接受了當時十分昂貴的這一公克鐳，並帶回了法國，但她並沒有佔爲己有，除了贈送給醫療機構用於癌症治療以外，更分給了許多需要放射線源，卻缺乏購買資金的物理學、化學以及醫學的衆多研究者。

需要照射在原子核上的 α 線源的卡班迪修研究所的盧瑟福研究室，在獲得這個大量的線源後，研究有了迅速的發展。

當時，物理學界一直在討論原子到底有沒有核的話題。倫琴認爲原子沒有核，但盧瑟福（註：英國物理學家，生於紐西蘭，一九〇八年諾貝爾獎化學獎得主）則認爲有。關鍵在於需要有一種迅速超快的子彈（α粒子）撞擊原子核，以便能夠確定其的確存在。這種α粒子可以從鐳中獲得，所需要的量只要幾毫克就足夠。

在居里夫人致贈鐳後，實驗有了突飛猛進的發展，最後，盧瑟福終於成功的發現了原子核。

在查德威克（註：英國原子物理學家，一九三五年諾貝爾物理獎得主）發現中子後，卡班迪修研究所後來誕生了好幾位諾貝爾獎得主。其中也包括了藉由鋁的人工放射性物質化而獲得諾貝爾化學獎、居里夫人的女兒依蓮及其夫婿。居里夫人致贈的鐳發揮的作用不可抹滅。

曾經裝有美國總統致贈的
一公克鐳的盒子

對於鐳的製造方法，居里夫人也不據爲私有。從四噸晶質鈾礦中僅獲得0.1公克氯化鐳、超過五千個步驟的階段分別濃縮方法，居里夫人也沒有申請專利，完全公諸於世。

爲了學問的發展和激勵年輕的繼承者公開自己的研究成果，居里夫人並沒有去申請專利，因而一直過著貧

苦的生活。

美國在不需要專利的情況下，運用了居里夫人的製造方法，利用世界第一的工業能力，處理大量的原礦石，成爲濃縮鐳、鈾和鈷等微量放射性物質的超級大國。

轟炸日本廣島、長崎的原子彈，也是運用這種濃縮技術製造而成。

美國人對居里夫人有極高的評價，除了對居里夫人爭取女性權利和自由主義思想所產生的共鳴以外，更因爲受到了居里夫人的放射性物質濃縮技術的極大恩惠。

一九四三年，MGM拍攝，由格麗亞・格遜、華爾泰・皮瓊主演，根據居里夫人的次女艾貝・居里原作改編的傳記電影「居里夫人」也很受好評。

## 4 死於白血病

一九〇六年，在居里夫人三十九歲時，丈夫皮埃爾卻慘死在馬車輪下。之後，雖然曾經和後輩的物理學家朗傑班傳出緋聞，但一直到去世時，居里夫人都沒有再婚，一直懷念過世的丈夫。

爲了忘卻丈夫突然死亡的悲慟，她開始投入無數的研究和活動中。

一九三四年，居里夫人終於病倒了。住院後，與世長辭，享年六十六歲；死因是白血病。

一八九四年以來，在四十年的研究生涯中，她受到的放射線量總計爲200ＳＶ（註：放射線的被曝單位，sievert）。

這是在正常生活情況下所承受的放射線量的六億倍。

近年，日本東海村的臨界事故中，被曝者的最高被曝線量爲18ＳＶ，居里夫人所承受的超過該數值的十倍以上。

居里夫婦與長女伊蓮

當一度接受1ＳＶ的放射線時，就會出現嘔吐現象，當達到7ＳＶ時，幾乎所有人都會死亡。

居里夫人的身體持續被強烈的鐳放射線照射，因此，她的身體已經「支離破碎」。

在八年的鐳分離實驗中，她的手和手指都因爲放射線而燒傷，尤其右手手指的燒傷特別嚴重，潰爛得甚至無法拿筆。居里夫人爲了緩和劇烈的疼痛，整天都用大拇指搓揉其他的手指。

由於全身都受到放射線的照射，呈現出典型的放射線感染症狀，身體經常感到疲倦無力、消瘦，臉色像幽靈一樣慘白。

在成功分離鐳而受到倫敦科學學會的招待時，她也因爲手和手指的疼痛，連禮服都無法自己穿。

她的偉大成就也爲她換來了滿身瘡痍。

丈夫皮埃爾也是如此。

他經常將裝有氯化鐳的試管放在胸前的口袋和褲子後方的口袋，結果，這些口袋的位置都有燒傷。而且，他到處向別人展示該試管，可見他是多麼粗心大意。

巴黎的索魯本大學的居里醫學研究所旁的舊鐳研究所（現在爲居里博物館）中保留了居里夫婦的實驗筆記，這些筆記至今仍然釋放出令放射能強弱測定器大幅振動的大量放射線，被視爲危險物品。

如今，對放射線的危害有了徹底的認識，並爲此設定了基準值，法律規定必須使用防護工具。

由此發現，在核科學創始階段，即使是科學家本身，也由於無知，無從得知放射線所造成的可怕危害，在接觸放射性物質時毫無防備，造成了令人遺憾的後果。

居里夫人本身，是歷史上第一位放射線的犧牲者。

## 5 法國之所以有許多女性科學家的理由

目前，法國女性科學家的人數比其他國家多很多。

無論在任何國家，研究工作都是男人的工作，女人很少能夠站上指導者的位置。這是對女人的偏見，可能是因爲男人的蠻橫，日本的大學、牛津大學和劍橋大學，以及芝加哥大學、哈佛大學，都有這樣的傾向。

在居里夫人出現以前的法國科學界，女人也很少能夠投身於研究工作。

在肯定學術成就的諾貝爾獎上，提及諾貝爾獎排除女科學家的「陰暗」部分的話題也層出不窮。

發現DNA二重螺旋構造的華特遜和克里克的得獎內幕，據說是女研究家福蘭克林的資料被竊取，封殺了她的發言的結果。

發現脈衝裝置而得獎的休伊什（註：英國射電天文學家，一九七四年諾貝爾物理獎得主）其實是抹殺了實際發現者J・貝爾女士的功績才獲得該獎。

一九〇六，在丈夫皮埃爾死後，由居里夫人接替索魯本大學講師位子這件事極富歷史意義。這一方面是認同了居里夫人是放射線學的第一人選，同時，也無法漠視世間讚揚居

里夫人的聲音所致。

居里夫人在皮埃爾生前舉行的最後一次授課後，立刻接手丈夫的工作。在她的第一堂課和以後的課堂中，除了學生和科學家以外，還有許多巴黎的一般民眾前往聆聽。

居里夫人熱情的闡述探索眞理的課堂十分令人感動，她的課堂談論自己在放射能方面的發現，是那個時代高格調而又最尖端的課堂內容，受到極度的好評。

但在法國學士院會員選舉中，卻因爲有人基於居里夫人是女性的理由，提出反對意見，結果以一票之差而落選。

以居里夫人的成就，如果是男性的話，一定會獲得全數通過。但由於對女性仍然存在著極大的歧見，因此，有一半以上的人反對居里夫人的加入。

一九〇八年成爲教授的居里夫人憑著她生性的自由主義和能量，在法國科學界的所有場合努力爲女性爭取權利，逐漸增加了女科學家的地位，爲法國女性科學家的發展奠定了基礎。

她十分富有行動力，只要認爲有需要，會去面見大臣和前輩，直接談判。尤其對女研究者錄用的問題，只要有一定的成就，她就會積極錄用。

居里夫人經常對年輕研究人員說：「把你的希望寄托給天上的星星。」

「希望你們爲實現人類的夢想從事科學研究工作」——這正是朝向眞理努力不懈的居

里夫人所表達的意味深長。

## ★漏網故事

### 居里博物館

舊鐳研究所是目前的居里博物館。居里夫人的實驗室和如今的高中實驗室差不多，無論規模和設備都很簡陋。居里夫婦的筆記也保存於此。館內陳列著裝有美國總統致贈的鐳的盒子，以及經常穿著的黑色實驗服。

### 分離鐳的地方

在索魯本大學內、居里夫人曾經成功分離鐳的原解剖學教室位置，設有「分離鐳的地方」的紀念碑。許多人慕名而來，並流下感動的眼淚。只是建築物本身已經不復存在了。

# 5 法拉第

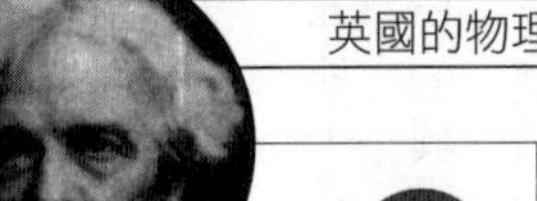

英國的物理學家、化學家

## 成就

發現電磁感應現象
發現法拉第效應
發現電解定律
成功的完成了氯氣的液化
發現苯等

奧斯特（註：丹麥物理學家、化學家）發現電流可以產生磁場後，法拉第確信，相反的情況，磁場也可以產生電流，於是將棒狀磁鐵在線圈中進出，確認產生電流，發現了電磁感應現象。對電磁學做出了巨大的貢獻，也發現了化學的基本定律。連小學都沒有讀過的法拉第身為一介實驗助手，卻創造了偉大的成就。

## 生平簡介

| | |
|---|---|
| 一七九一 | 出生於倫敦近郊的紐因格頓的窮鐵匠家 |
| 一八〇四 | 書店學徒（13歲） |
| 一八一二 | 聆聽皇家研究所戴維教授的聖誕節演講（21歲） |
| 一八一三 | 申請成為戴維的實驗助手，並獲得錄用。隨同戴維展開歐洲科學之旅，與各國一流科學家交流 |
| 一八二一 | 發明電磁回轉機（30歲） |
| 一八二三 | 成功液化氯氣、硫化氫、二氧化碳 |
| 一八二四 | 皇家學院會員（33歲） |
| 一八二五 | 發現苯。成為皇家研究所實驗所所長（34歲） |
| 一八三一 | 發現電磁感應（40歲） |
| 一八三三 | 發現電解定律。提出電化學當量。戴維死後，接任皇家研究所化學教授（42歲） |
| 一八三七 | 提出電磁現象的接近作用論。發表電場與磁場的概念（46歲） |
| 一八三八 | 發現真空放電中的法拉第暗處 |
| 一八四五 | 發現法拉第效應、抗磁性（54歲） |
| 一八四七 | 發現常磁性 |
| 一八五七 | 皇家學院聘請他為學會主席，被他謝絕（66歲） |
| 一八六七 | 去世（享年75歲） |

# 1 用一句不漏的筆記自我推薦

生長在鐵匠家庭的邁克爾・法拉第是十兄弟中的次子，從小因爲家境貧困，連小學都不曾讀過。

在他十多歲時，就開始前往書店當學徒。他在裝訂的書中，對其中的「科學書籍」有著濃厚的興趣，只要一有時間，就熱心的閱讀「商品」。

馬塞特夫人的《化學的故事》對法拉第產生了極大的影響。該書於一八〇五年出版，是有著十六萬本銷量的暢銷書。

他根據該書購買了實驗道具，自己動手嘗試。

之後，在法拉第成名後，他抱著敬意，將自己的論文寄給了馬塞特夫人。

法拉第二十一歲時，他的人生出現了轉機。

書店的主人看到法拉第工作十分熱情，並對科學充滿熱忱，於是，就送給他一張皇家研究所化學教授戴維的公開講座，也就是統稱的聖誕節演講的入場券。法拉第的人生因此不同。

對科學知識如飢似渴的法拉第，將演講內容一字一句的完全記錄，簡直可以說是拚了老命。

演講後，他將筆記清楚的謄寫，並畫上重點。然後，寄了一封信給皇家學會主席班克斯（Joseph Banks），希望能夠成爲皇家研究所的實驗助手，並附上該演講的筆記。

但卻沒有收到隻字片語的回覆。

於是，他就直接寫了一封相同內容的信給戴維本人，也同樣附上了抄寫得很清楚的演講筆記。

戴維被法拉第青年的熱情所打動，直接與法拉第見面後，告訴他目前並沒有助手的空缺，但會加以考慮。

不久，戴維專任的助手因爲與上司的教官吵架而突然辭職，於是戴維就立刻雇用法拉第當他的助手。薪水雖然比書局低，卻是他嚮往已久的科學工作。

如此，法拉第展開了他的研究人生。但是，當時誰能夠想到，這位青年就是日後被稱爲天才的偉大科學家。

法拉第寄給戴維的那份筆記已經不復存在。由於是一位默默無聞的聽衆寄來的、而且是錯誤百出的的筆記，所以，戴維並沒有保留下來。

法拉第的這份筆記的故事十分出名，但筆記上所寫的內容與故事的發展並沒有太大的關係。

總之，這正是「天助自助者」的寫照。

## 2 與世界級大科學家的關係

其實，當初戴維對法拉第只是抱著「應該可以幫我洗試管」的想法而已。所以，在一開始時，只讓他做清潔實驗室和實驗工具之類的工作。

然而，法拉第對實驗的天份是與生俱來的。而且，由於他比別人努力一倍，所以，對實驗內容的理解十分充分，逐漸成爲有能力的實驗家而嶄露頭角。

戴維沒想到法拉第這麼優秀；在戴維課堂實驗中，法拉第也大顯身手，戴維對法拉第十分欣賞。在前往法國、義大利等歐洲大陸各國的一年半的行程中，他也帶著法拉第同行。

想要成爲一位偉大的科學家，身處最先進的知性環境是決定性要素。這也正是諾貝爾獎都接二連三的誕生在最前進的資訊和人才集中的特定研究所的原因所在。

對法拉第而言，追隨戴維前往歐洲大陸旅行的最大收穫，就在於得以接觸各位海外著名的科學家。法拉第親身感受到這些一流科學家的研究氣質，像海綿吸水一樣掌握了知識和研究手法。

雖然法拉第在實驗方面多麼優秀，但一個幾乎不曾接受過學校教育的實驗助手能夠接觸到這些偉大的科學家，實在不是一件「平常」的事。

這完全是因爲追隨身爲歐洲一流科學家、與其他有能力的科學家有著良好交情的戴維的關係。如果沒有追隨戴維，法拉第就不可能獲得成功。

法拉第跟著戴維一起前往歐洲的旅行，還有著另一層面的意義。戴維夫妻的地位在歐洲（英國）的階級社會中屬於最上流。戴維本身以英國紳士富有理解和寬容的態度與法拉第相處，但戴維夫人對於出身下層階級的法拉第卻抱著極度輕蔑的態度，把他當作下人看待。

打掃、洗衣服、買東西……。雖然戴維認爲「不必這樣」，卻無法約束夫人的行爲。在旅行途中，戴維夫人更加變本加厲，法拉第深深體會到這種自己無能爲力的階級障礙，更加深了他探究科學眞理的決心。這促使他向著與階級毫無關係的唯一自由世界（＝探究科學眞理的世界）邁進。

即使在法拉第成爲一流的科學家後，也完全無法改變戴維夫人內心深處對他的蔑視。由此可以瞭解英國女人拘泥於「出生」的階級意識是多麼根深柢固。但這也間接的幫助了天才法拉第的誕生，可見是多麼諷刺。

# 3 將力學的「能量不滅定律」成功地運用在電磁學上

一八二〇年，奧斯特在實驗中發現，在通電的鐵絲附近，磁針會受到電流的影響，偏離南北的位置。也就是說，磁針原本指向南北的位置，通電後，磁針會隨著電流的強度移動，偏離南北的位置。

這個實驗迅速傳遍歐洲各地，並紛紛親手實驗加以證實。也因此證明了以前認爲毫無關係的電和磁場之間有著一定的關係。

「既然電流可以產生磁場，相反的，磁場也應該可以產生電流。」

包括奧斯特在內的科學家們的這種想法十分自然。

科學家們嘗試了將磁鐵放在電線的周圍等多種相反的實驗，都無法成功的產生誘導電流。法拉第也是如此。

在奧斯特實驗後十一年的一八三一年，法拉第將棒形磁鐵在線圈中移動，終於成功的產生了誘導電流，也因此證明了電磁的相互作用。

爲什麼衆多如麻的科學家都無法成功，而法拉第卻可以獲得成功？

這是因爲只有法拉第想到要「移動磁場」。關鍵在於他十分清楚的把握了能量保存法

則。

電流的本質是導線中活動的電子流，與水流一樣會產生摩擦，在摩擦產生熱量後，電子流就會停止。因此，只要能夠從外部「做工」補充摩擦造成的「能量」損失，就可以產生穩定的電流。

這就是「能量增加量與外部的做工量相等」的力學能量保存法則。

法拉第將該法則運用在電流和磁場的關係中發現，想要使磁場產生電流，必須「額外」的做一些工；而且，這種想法完全正確，想要產生誘導電流，就必須移動動磁鐵。

以前，大家都是將磁鐵「放在」電線旁而已，但法拉第卻「移動」磁鐵。該實驗的成功使法拉第確立了電磁感應的法則，並奠定了電磁學的基礎。

## 4 因為不會數學而產生的想像能力

法拉第幾乎不會數學。這一點千眞萬確。

他甚至完全沒有接受過正規的小學教育。俗話說，「閱讀、寫字、算術」，學習數學時，一大部分要靠訓練，自學往往無法掌握所有數學的技巧。

然而，不會數學反而提升了他針對對象加以想像的能力。

也就是說，由於他無法用數學公式加以表達，因此，只能使用圖示的方式表達。當然，他在這方面的能力就變得十分出色。

法拉第很擅長用幾何學的模型來說明電磁現象等肉眼無法看到的現象。因爲具備的這種「能夠想像出這些肉眼無法看到的東西」的優秀能力，所以，才能夠獲得衆多在歷史上留名的成就。

「鼻子能夠聞到眞理的科學家」，這就是別人給法拉第封的外號。

在法拉第的時代，還不需要運用「數學這種道具」將理論精密化，因此，只需要直覺的想像力，就可以完成許多富創造性的工作。

在當時的時代，把握自然的眞理首先需要的是想像力，以數學的角度加以整理則是次要的（當今則十分重視）。法拉第之所以會擁有這些成就，是因爲處在這樣的時代背景的關係。愛因斯坦的研究基本上也是靠直覺，在提出廣義相對論等理論時，都是由友人格羅斯曼代替不擅長數學的愛因斯坦將這些理論公式化。

法拉第留下了許多有待進行數學整理的「感覺（想像）」。之後，天才數學家馬克士威（James Clerk Maxwell，註：英國物理學家、數學家）發現了其本質的重要性，在徵求法拉第同意的情況下，將這些「感覺」公式化，因而導出了有關電磁波的麥斯威爾方程式。也因此爲電磁學做出了巨大的貢獻，並奠定了當今電波技術全盛時代的基礎。

# 5 甘於做「老二」當助手

法拉第是繼牛頓之後的偉大科學家，成爲英國和世界科學界的領導者。但他不追求金錢和頭銜，拒絕所有地位和名譽，以一介科學家的身分貫徹他追求眞理之路。

衆所周知，法拉第這些行爲的出發點在於——協助將自己帶領入科學界的恩人，戴維的研究工作。

戴維是電化學的創始人，將伏特電池改良爲戴維電池後確立了電解法，發現了鉀、鈣、鍶、鈉、鋇、硼、鎂等七個元素。除了西博格（註：美國化學家，一九五一年諾貝爾化學獎得主）曾經發現了十個元素以外，其他沒有一個人能夠超越他的成績。

身爲助手的法拉第繼續了戴維創始的電化學方法，並發現了著名的電解法則和引進電化學當量的概念，獲得了巨大的成功。

法拉第在面對戴維時，隨時保持著謙虛的態度。雖然在不知不覺中，實驗技術已經超越了老師，但在有了偉大的發明後，仍然尊敬老師，隨時保持著「副手」的姿態。

對栽培自己的戴維老師的恩情，他終身難忘。

法拉第終身保持著這種待人謙虛的態度，並不斷拒絕所有的社會名譽。

在皇家研究所的實驗室進行實驗的法拉第

當受邀擔任皇家學會的主席，也就是牛頓曾經擔任過的、十分名譽的寶座時，法拉第也加以拒絕。

在英國女皇授予他騎士（爵士）封號，也就是牛頓也曾經接受的封號時，他也拒絕接受。

法拉第的一生，始終保持平民的身分。

他是「Sunday man」派的忠誠教徒。基於宗教信仰，在一八五〇年代的克里米亞半島戰爭發生時，當時英國政府詢問曾經發現液態氯的法拉第，是否可以製造大量毒氣武器、並請他擔任負責人時，他只表達了的確有此可能性，但卻堅決的拒絕了自己擔任該負責人。

對於身爲徒弟的法拉第終於超越自己的戴維來說，經常會因此感到十分痛苦。即使法拉第一直甘心做一個副手，但戴維仍然無法拋棄常人的嫉妒念頭。尤其在一八二四年，當法拉第被推薦爲皇家學院的會員時，身爲老師的戴維曾經強烈反對。

但隨著弟子法拉第在科學界的名聲高漲，身爲老師的戴維也聲名大噪，最後不得不佩服法拉第的實力。在晚年時，戴維曾經說過：「我雖然在科學上有過諸多發現，但我這輩子最大的發現，就是發現了法拉第。」

## ★漏網故事

### 聖誕節演講

法拉第也對發展成為他投入科學界契機的聖誕演講做出了很大的貢獻，至今為止，已經舉行了一百八十多屆。有名的《蠟燭的科學》正是他在聖誕節演講時的記錄。

近年，藉由日本讀賣新聞社等主辦單位的協助，聖誕節演講也會在日本東京科學技術館或京都國際會議中心舉行。但都在暑假期間。

正統聖誕節演講是在皇家研究所二樓較小的房間內舉行，但日本的會場都使用寬敞並配備有最先進儀器的公開演講，比正統本家更有氣勢。

講師除了必須在學術界有一流的成就以外，還必須熱心教育，並有良好的口才。為此，有一定的資格考試。事實上，聖誕節演講都以劍橋大學、牛津大學的老師居多。

## 四十六年期間都住在屋頂的閣樓上

法拉第被做為實驗助手錄用後，直到搬往英國女皇贈送給他的房舍的四十六年期間，都住在皇家研究所屋頂的閣樓上。目前，皇家研究所的地下室是法拉第博物館，一樓是辦公室，二樓是舉行聖誕節演講的地方。再上面就是閣樓，但只有研究人員可以入內參觀。

## 靜靜的安眠

牛頓等多位成功的科學家都葬於西敏寺大教堂，供後人悼念。根據法拉第的遺囑，在去世後，安葬於海格德墓地（Highgate Cemetery 位於倫敦北郊外，地鐵 Arch way 站附近）的西墓地。他的選擇充分展現了他的人格，但許多人仰慕他的成就和高尚前往祭拜。像是馬克思、史賓塞、艾略特人都長眠於東墓地。

# 6 愛迪生

美國的發明家、技術家

成就

打字機、留聲機、碳燈絲電燈、鹼性電池等超過兩千項發明

愛迪生一輩子曾經獲得超過一千三百件的專利，被稱爲發明王。他的發明目標是——「開發對人類社會有用的工業商品」，並的確也獲得了成果。他並不喜歡別人視他爲天才、將他神化，不斷提倡腳踏實地努力的重要性。

## 生平簡介

| | |
|---|---|
| 一八四七 | 生於俄亥俄州。父親是從加拿大逃亡美國的屋頂板製造工廠廠長，母親是中學老師 |
| 一八五五 | 讀三個月的小學就退學，由母親親自教育 |
| 一八五七 | 將家中的地下室變成化學實驗室（10歲） |
| 一八五九 | 在火車上賣報，並在貨物車廂內進行化學實驗（12歲） |
| 一八六二 | 發行世界上第一份火車內報紙。學習電信技術後，成為電信技師（15歲） |
| 一八六四 | 發明電報自動中繼機（17歲） |
| 一八六八 | 憑電力投票記錄機獲第一項專利（21歲） |
| 一八六九 | 發明股票股價顯示機，賣了四萬美金，設立了技術顧問公司（22歲） |
| 一八七一 | 發明打字機（24歲） |
| 一八七五 | 發明謄寫版（28歲） |
| 一八七六 | 在門洛帕克建立應用科學研究所（29歲） |
| 一八七七 | 發明留聲機（30歲） |
| 一八七九 | 發明碳燈絲電燈（32歲） |
| 一八八二 | 建立發電所，開始輸送直流電事業（35歲） |
| 一八八三 | 發現真空管概念（36歲） |
| 一八八七 | 將研究所移至西奧倫治（40歲） |
| 一八九一 | 發明電影技術（44歲） |
| 一九〇〇 | 發明鹼性電池（53歲） |
| 一九一五 | 成為海軍技術顧問（68歲） |
| 一九三一 | 去世（享年84歲） |

# 1 拯救了ADHD兒的母親的教育

湯瑪士・亞伯特・愛迪生在孩提時代是當今教育心理學中所說的典型的ADHD（Attention Deficit Hyperactivity Disorder，注意力缺失過動症）。

這種類型的孩子好奇心十分旺盛，經常有許多奇怪的行動，無法融入團體生活。容易不安、情緒不穩定，無法承受壓力。當接近考試時，就會舉止粗暴，即使想要讓他學習，也無法集中注意力。如果硬逼迫他或是用強硬的手法管教，很可能造成令人不堪設想的後果。

在學校教育制度健全、嚴格要求遵守集團規定的日本和德國等國家，這種孩子很容易成爲問題兒童，無法適應，往往會被嚴格管教。結果就變成對社會不滿，整天沉迷酒色或是淪爲罪犯等。

愛迪生誕生的一八四七年前後的美國，剛好處於建國七十年的道德、教義上的嚴格時代，所以，在小學的教育上也十分嚴格。當然，少年愛迪生根本無法適應學校的生活。

有一個非常有名的軼事，就是他經常抓著身邊的大人問「爲什麼」、「爲什麼」，如果無法得到令他滿意的答案，他就不停的追問下去。總之，無論對任何事都會追根究柢的問「爲什麼」、「爲什麼」，纏著大人不放，使大人根本沒辦法做事。

因此，周圍的大人也覺得他是個「吵鬧的孩子」，而討厭少年愛迪生。

有好幾個關於他「調皮」的故事。

他想要瞭解火爲什麼會燃燒，就在倉庫內試驗，結果發生了火災。

他想要實驗爲什麼橋可以支撐過橋者的體重，就是，就在小河上架了一座小橋，在想要試試是否眞的可以支撐自己的體重而站在橋上時，橋斷了，他立刻掉進水中。

由於找不到愛迪生，大家著急的四處尋找，結果，他因爲覺得人也可以加溫鷄蛋、成功的孵出小鷄，所以，就一直在鷄窩裡抱著鷄蛋，連飯也不吃。

小學的老師一點都不喜歡「完全不天眞可愛」的愛迪生，根本不理會他。

愛迪生的母親對學校和教師不試圖瞭解孩子優點感到十分氣憤，因此，愛迪生只在學校讀了三個月，就沒有再去學校讀書。

母親開始在家庭中教育愛迪生。她仔細觀察自己的孩子，發現他在做事時，有著驚人的集中力。由於發現到愛迪生的這項優點，即使別人責怪「你的孩子怎麼這樣子！」時，她經常挺身而出，保護愛迪生。

## 2 車廂中的實驗

從母親贈送的一本科學書《自然實驗哲學》啓蒙了愛迪生，對理科產生了極大的興趣，並將家中地下室的一角改成實驗室，開始認眞投入有關電力和化學的實驗。

由於進行大規模的實驗需要更多的金錢，於是，愛迪生爲了賺錢，從十二歲開始在Grand Trunk 鐵路的支線上賣報。由於他很早就退學了，所以，完全不存在任何阻礙。

十五歲時，爲了賺更多的錢，他用放在車廂內的印刷機開始印刷發行《Grand Trunk Herald》週報。這是世界上第一份火車報。但並不是鐵路公司發行的報紙，而是愛迪生在獲得鐵路公司許可的情況下自行發行的報紙。

靠報紙的發行籌措到資金的愛迪生，將在老家波特修龍與底特律之間每天往返一次的列車貨車廂空地，變成了自己的化學實驗室。

雖然在火車上打工原本只是爲了籌措資金，但可能是因爲他實在想要利用每一分鐘做實驗，所以，才會想到把貨車廂內當成自己的實驗室。

在貨車廂內所做的實驗，大部分都是《自然實驗哲學》中的化學反應實驗，也有許多使用劇性物質和會產生燃燒現象的危險內容。

有一次，剛好在火車轉彎時，由於離心力的關係，實驗中的裝置倒了，立刻燒了起來。火車立刻停了下來，在大家拚命搶救下才滅了火。

列車長雖然認同和肯定工作認眞、求知欲強烈的愛迪生，但對他將化學實驗道具搬到行走的火車上做實驗的危險行爲卻很有意見，看到他竟然因此引起火災，立刻火冒三丈，將愛迪生好不容易買到的貴重實驗道具丟出車外。

少年愛迪生沒有流一滴眼淚，漠然的看著列車長的行爲。

想要在行走的火車中同時完成工作和實驗的想法十分獨特，必須加以稱讚，但同時，他實在太缺乏社會常識了。由此也可以瞭解天才ＡＤＨＤ人格的個性。

因爲這件事的關係，終於使他放棄在火車上做實驗的念頭。

之後又發生了另外一件有名的故事。就是他捨身從逐漸接近的火車前，救了不小心走上鐵道、站長三歲的兒子，於是，站長爲了感謝他，就讓他學習電信技術，使他成爲一名電信技術員，並立刻在全美競賽獲得優勝，成爲全美國首席的電信技師。

一直到十四年後門洛帕克大研究所成立後，他才重新開始做化學實驗。

因爲火車上的火災而大發雷霆的列車長爲了懲罰愛迪生，用力的毆打他，當時，很不幸的打到了愛迪生的右耳，由於過度用力，振動導致耳膜破裂。有人認爲這是造成愛迪生重聽的原因，但事實上是因爲中耳炎等疾病引起的。

無論是什麼原因造成的愛迪生了重聽，在他成名後，在出席大型的公衆場合時，他都會將重聽的耳朵靠外側。

## 3 使用京都的八幡竹發明了電燈

愛迪生在當電信技師時，看過法拉第的《電學實驗的研究》一書。他發現這本書中並沒有複雜的公式，想要嘗試一下該書中所有的實驗。這本書對發明家愛迪生產生了極大的影響。

愛迪生第一項專利就是「電力投票記錄機」。但議會需要牛步化的投票戰術，並不需要增加投票速度。所以，第一項專利並沒有獲得成功。從那個時候開始，愛迪生體會到不能只注意合理性的問題，而意識到必須是「有用」的發明。

第二項專利是「股價顯示機」，剛好適逢南北戰爭後的投機熱潮，獲得了十分理想的銷量。他利用這筆資金，於一八七一年在紐澤西州的紐亞克建造了工廠，在五年的時間內，發明了許多產品，並累積了大量的資金。一八七六年，在同樣是紐澤西州的門羅帕克的廣大土地上建造了一個巨大的應用科學研究所。

該研究所包括了各方面的實驗裝置、工作機械、製作資材、圖書文獻等，是世界上首

家工業研究中心。同時，由愛迪生想出總合的點子，細密的部分以分工的方式加以開發，也是世界上最系統化的發明工廠。

他將發明專利費和在事業中所獲得的資金毫不吝嗇的投入該研究所的研究工作中。

在一八八七年將研究所移至紐澤西州的西奧倫治以前，愛迪生超過兩千項的發明中，大部分的重要發明都是在門羅帕克研究所內完成的。

在門羅帕克研究所內最大的發明，毫無疑問的就是一八七九年、愛迪生三十二歲時所發明的碳白熱電燈。

在此以前，曾經使用電弧燈在碳電極之間放電，但不僅會耗費大量電力，又很難操作安定的點燈效果，而且，使用壽命也很短。

愛迪生努力思考是否有更富經濟性、安定性、操作性和耐久性的電燈可以代替電弧燈。他想到，如果不是利用物質的放電，而是物體本身會發光的話，就可以獲得更安定的光，所以投入燈絲的研究工作。

他首先想到的是白金線，但由於金屬的阻力太小，無法產生高溫，所以無法順利發光。其次，他從電弧燈的碳電極中聯想到可以使用碳，於是，他就將煤和焦油塗在木棉絲上，並通以電流，卻無法成功的發光。

然後，將木棉絲燃燒後使之碳化，這次成功的發了光，並可以連續點亮四、五個小時。

在那一年的年底，在大馬路上舉行了同時點亮數十個燈的儀式，令瓦斯燈業者大驚失色。但還是無法克服耐久性的問題。

最後，愛迪生終於找到竹子是符合所有條件的材料。他為什麼會想到竹子，是因為認為纖維的強度決定了耐久性，所以，想要嘗試一下比木棉纖維更強的竹子碳化後的效果。

之後，為了尋找更具耐久性的竹子，他曾經做了無數次的實驗。

他花費十萬美金，從東南亞、日本以及竹子的產地中國大陸等世界各地運來數十種竹子，發現其中最理想的是日本京都的石清水八幡宮境內竹林的孟宗竹。

將這種竹子蒸燒後做為燈絲使用後，經過數百次的實驗，發現電燈的壽命長達一千小時以上，成為世界第一個實用電燈。在以後十年的時間內，八幡竹成為愛迪生電燈特定的燈絲材料。如今，京都府八幡市內有一條「愛迪生大道」，當地許多人都知曉，當年的八幡竹曾經被世界發明王「相中」，成為世界上最佳的電燈用燈絲，對愛迪生最大的發明有所貢獻，並在世界照明技術史上留下足跡。

愛迪生十分喜歡新渡戶稻造的著作《武士道》（初版是英語版），也因此對他的人生或多或少的產生了影響。尤其對嚴以律己的武士道的人生觀產生了共鳴。

新渡戶前往美國時，受到了愛迪生的熱情招待。

世界發明王愛迪生與日本的關係其實比我們想像得更深。

## 4 被誤認為流浪漢的老闆

愛迪生的工作方式就是，「如果不試試看，怎麼知道結果。」

在現代社會，通常是先建立明確的方針，並按照該方針加以努力。愛迪生這種想到什麼就做什麼的方法無法受到認同。

愛迪生使用京都的竹子製成的電燈
（京都博物館）

但在當時的美國，是處於發明萌芽的時代，一項發明往往會因爲偶然的因素引導出另一項發明。因此，多多嘗試就成爲生活在那個時代的實踐家愛迪生的結論。

但這種缺乏效率的工作方式當然需要長時間的工作。

愛迪生在門羅帕克和西奧倫治研究所不眠不休的工作就是最好的證明。

他每天工作二十小時，一天睡眠不會超過四小時，而且，通常都是在沙發或實驗台上小睡一下而已。一位員工曾經說，他從來沒有看過愛迪生睡覺。也就是說，無論清晨還是深夜，這位員工上班時，愛迪生都在工作。

由於他什麼都親自動手做，所以，全身都髒髒的。在西奧倫治研究所開張的第一天，一位不認識愛迪生的少年守衛還誤以為愛迪生是流浪漢，不讓他進研究所。

他並沒有開除這位守衛，反而稱讚他「盡忠職守」。

愛迪生一直貫徹著「凡事都要親自確認」的態度，經常為了一個目的，不惜做數百次實驗。在此過程中，往往有許多新的發現或是發現新的課題，使技術得到進一步綜合性的開發。例如，在開發電燈時，曾經因此衍生了許多發明。

他發現輸電必需的配電設備的必要性後，開發了配電盤、積算電力計等商品。電纜、開關、插座、保險絲等都是發明電燈過程中的副產品。這些也成為當今電工學的基礎。

另外，真空管的發明也是電燈發明中的副產品。

白熱燈的內部是真空，如果將燈絲視為一個電極，只要再增加一個電極，就成為二極真空管；增加二個電極，就成為三極真空管。

五天就有一件發明或專利，在四年時間內，有超過三百項的發明，每隔十天，就有一項新的發明商品宣告完成。以前任何一位發明家都不曾有過這麼多項的發明，而且，他的

在西奧倫治研究所進行化學實驗的愛迪生（1888 年，上圖）
和操控攝影機的愛迪生（1905 年，下圖）

發明都十分有意義，因此，逐漸確立了他天才發明家的名聲。

愛迪生在晚年離開民間事業，擔任海軍技術顧問時，在緬懷以往時曾經說：「天才是90%的努力和10%的創意。」從這句話中，可以瞭解到愛迪生想要表達的雙重意思。

首先，是對於一般人將這位難得的天才發明家加以神化的現象不以爲然。第二方面，他認爲當今美國所需要的是不怕髒的、腳踏實地的工作，批判了那些只會評論卻不採取行動、以及只靠解析和直覺進行判斷的人。

但世間的凡人往往無法做到這「90%的努力」。被稱爲天才的人，往往付出了超於常人的努力。在拚命的努力中難免感到疲倦、厭煩或是喪失目標，但只有能夠克服這一切、維持自己的專注力並更加投入的人，才能夠成爲天才。所謂天才，也是「能夠不知疲倦，付出超人努力的人」。

愛迪生這種實踐第一的精神，是當時必須以技術開發新天地的美國社會絕對不可或缺的。目前，美國科學技術整體都貫徹著這樣的精神。這也是美國是世界各地諾貝爾獎得獎者最多的國家、國際專利的件數佔居世界首位的原因所在。

在技術開發中無法避免「白做工」，但這些「白做工」可以意想不到的萌生新技術。美國人敢於「白做工」的毅力創造了無數相關的發明和專利。

# 5 GE前身的輸電事業的失敗

愛迪生一輩子的發明超過兩千項，但大部分都是在三十歲到四十歲的期間所完成的。

在四十四歲於西奧倫治發明電影技術後，除了五十三歲時發明的鹼性電池以外，雖然他仍然有爲數衆多的發明，卻很少有重要的項目。

最具象徵性的，就是在發明電燈後開始進行的輸電事業的最終失敗。

一八八二年，愛迪生三十五歲時，爲了普及白熱電燈，他開始創建輸電事業，在紐約建造了中央發電廠。設置了用二百馬力蒸氣動力驅動的巨型發電機「首長夫人」，開始輸送直流電。最初只能供應四百個電燈的電量，在一年後，擴大至一萬個，實現了電燈取代瓦斯燈的時代。

但愛迪生所輸送的直流電，有一個非常大的缺點。

電流有直流和交流之分，二者的電力相同。因此，在輸電過程中的損耗就是問題所在。這種熱量的損耗與輸電電流的平方成正比，由於直流電無法增加電壓（由於電力＝電壓×電流），因此，必須增加電流，熱量損耗也必然增加。

交流電可以藉由變壓器將電壓設定在高値，所以，可以減小電流，熱損耗也比較少。

熱損耗大，只能供應發電廠周圍電力的直流輸電的效率很差。只有低電流高壓輸電的輸電方式才能供應全美國的電力。

愛迪生並不是不知道交流輸電的原理，他十分清楚的瞭解交流電可以藉由變壓器變壓，減少熱損耗，更適合輸電。但他仍然堅持要直流輸電。到底爲什麼？因爲愛迪生不曾接受過正規的大學教育，無法運用高難度的數學，尤其是三角函數理解交流理論。而且，他的自尊心很強，很頑固，想要凡事都貫徹自己的方式。

但競爭對手的西屋公司雇用了德國創始交流理論的數學家、技術家施素因梅茨（註：美國籍電氣工程學家，出生於德國），大規模的建造了交流發電廠。

交流和直流的技術差異、經濟效果的差異十分明顯，但愛迪生電力公司卻頑固的堅持不交流電化。相反的，還與西屋公司爲了爭奪專利權而進行法律抗爭。

人心逐漸背離愛迪生，發電廠也因爲直流電的不利因素迅速下滑。

坐在門羅帕克研究所舊址紀念碑前的晚年的愛迪生

在愛迪生晚年，由於一般發明

的停滯，以及這項輸電事業的失敗，導致了巨額借款，愛迪生的公司「愛迪生總電力（Edison General Electric）」受到了摩根商會的支配，並將愛迪生的名字從公司名中去除，最後被趕出了公司。

如今，營業額超過一千億美金、世界屈指可數的大企業GE（奇異，General Electric）繼承了愛迪生光輝不滅的業績和在技術開發上的執著。

## ★漏網故事

### 愛迪生主義的弊害

以實用為主的愛迪生主義與實用主義的思想十分一致，對工業社會不斷發展的當時的美國，產生了極大的影響。但卻因此誤認為「發明」就是「科學」，認為學校的科學教育是沒有用的空洞理論而荒廢。如今的美國，也因為受到愛迪生主義的弊害仍然對理論缺乏重視。

### 在東京理科大學可以看到愛迪生

在愛迪生去世後，友人汽車王福特在密西根州建造了愛迪生博物館。

在此保留了門羅帕克研究所時代的實驗室等，近年被封鎖，收藏品的一部分遭到拍賣。東京理科大學購買了其中一部分，在東京・飯田橋附近的近代科學資料館內，公開展示了直流發電機、蠟管式留聲機等三十多件作品。因此，可以在日本看到愛迪生的收藏品

## 天才是90％的努力和10％的創意

關於這句話，十本書中有十種不同的說法，沒有固定的版本。其中的理由如下——

愛迪生在出名後，前往各地演講，在某場演講中會說：「努力十分重要，可以因此獲得靈感，創造大發明……」在另一場演講中又會誇張的說：「需要百分之九十九的努力和百分之一的創意。」然後發現這種表達方式太極端，於是，又在另一場演講中改成「90％……，10％……」。他在許多場合都出現類似的談話，所以，並不是哪一句才正確，而是他在不同的場合有各種不同的表達方式。

# 7 拉瓦錫

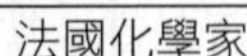
法國化學家

確立燃燒理論
發現質量不滅定律
引進化學反應式

被稱爲近代化學之父，一個人改變了化學的歷史。否定了「燃素說」，確立了物體燃燒是與氧氣結合所致的理論。在精密測定反應前後的物質的質量後，發現了質量不滅定律。歸納後，引進了化學反應式的概念。將一系列的研究歸納而成的《化學要論》一書是當今化學教科書的基礎。

## 生平簡介

| | |
|---|---|
| 一七四三 | 出生於巴黎富裕的司法家（高等法院檢察官）家庭 |
| 一七六一 | 瑪澤蘭學院畢業，進入法科大學（18歲） |
| 一七六四 | 在法科大學以優異成績畢業，在學期間學習了天文學、地球科學、化學課程，畢業後成為化學的專家 |
| 一七六八 | 成為科學院會員。成為徵稅承包協會的幹部，在經濟上獨立（25歲） |
| 一七七〇 | 用實驗推翻了水會變成土的假設 |
| 一七七一 | 與協會會長的女兒結婚（28歲） |
| 一七七二 | 以實驗證明了鑽石的成份是碳（29歲） |
| 一七七五 | 政府的火藥監督官，在兵器廠內私設大規模的化學實驗室（32歲） |
| 一七七六 | 用實驗否定了燃素說 |
| 一七八四 | 從水的分解中獲得氫氣 |
| 一七八七 | 與貝托萊（註：法國化學家）、福羅克羅亞共同出版《化學命名法》（44歲） |
| 一七八九 | 出版不朽名著《化學要論》。這一年發生了法國革命（46歲） |
| 一七九一 | 成為度量衡委員、國家財務委員 |
| 一七九三 | 被革命委員會視為國家犯人逮捕 |
| 一七九四 | 判處死刑，當天就被送上了斷頭台（享年50歲） |

## 1 注意到「剩餘」的問題，發現了「質量不滅定律」

安德華・羅蘭・拉瓦錫的衆多成就中，最偉大的就是發現了在化學反應中的「質量不滅定律」。

當時的化學有著濃厚的煉金術色彩，化學家只注意定性的事物，也就是什麼物質與什麼物質反應後「產生了什麼」。

而且，他們理所當然的認爲可以從無產生物質，物質也會突然消滅。

但拉瓦錫抱著物質不可能無中生有、也不可能消滅的信念，著眼於反應生成物以外的「剩餘」。

他自行開發了高精度的大型天秤，並使用該天秤測量除了肉眼可見的生成物以外的、肉眼看不到的「剩餘」的重量。

具體的方法就是在完全密閉的瓶中進行實驗，精密的測定反應前、反應後的重量，並不斷進行相同的實驗。

於是，他發現包括肉眼無法看見的「剩餘」在內的反應生成物總體的重量與反應前原料總體的重量相等，也因此發現了反應前後的物質總量不變的事實。

同時，他得出一個結論——物質是由「元素」（道爾頓以後爲「原子」）的組合構成的，化學反應是改變組合而已，物質不會無中生有，也不會從有到無。

這就是「質量不滅定律」。

拉瓦錫使用高精度的大型天秤，以定量的角度認識化學反應的實驗方法成功後，迅速在世界的化學界得到普及，也奠定了當今化學體系的基礎。

就像發現了泡在浴缸裡的人體變輕的重量，與溢出的水的重量相同的「阿基米德定律」的阿基米德一樣，精密測定重量是把握眞理的基本方法。

但如此天才的拉瓦錫在說明分子的運動狀態下的能量轉移時，也引進了「熱素」的元素。

對於正處於物質科學形成階段的當時，或許也是莫可奈何的事。

## 2 擔任徵稅承包人揩油來購買實驗工具

拉瓦錫的父親是法律專家，擔任高等法院的檢察官。拉瓦錫雖然一開始也學習法律，但不久就投入化學。

法瓦錫在法科大學畢業後，選擇的職業是「徵稅承包人」。

三十二歲時，他將母親的一部分遺產——五十萬法郎投資了構成組織的「徵稅協會」，並成爲其中的幹部之一。

「徵稅協會」其實就是專門收稅的暴力組織，其構成成員稱爲「徵稅承包人」。他們徵收超出國家規定數倍的金額，多餘的部分做爲他們的手續費。

催討的手段十分殘酷，貧困家庭無法支付時，甚至會奪走他們僅剩的食物，對小孩子也毫不留情的拳打腳踢。

徵稅協會藉由這種殘酷的手段獲得巨大的利益，其中一部分貢獻給波旁王朝（註：16～19世紀的法國皇朝），用於對外戰爭和皇族的個人消費以及建設宮殿等。

爲此，皇族和貴族間接的受到人民的仇恨；但國民最直接痛恨的，就是徵稅協會這個代爲徵稅的民間機構。

一般認爲拉瓦錫投入徵稅協會的理由如下——

當時，科學研究還不像現在這麼制度化，而是帶有濃厚的個人色彩，因此，必須自行購買實驗道具和藥品。想要進行理想的研究工作，需要龐大的個人資金。

二十五歲就成爲科學學院會員的拉瓦錫爲了在科學界揚名，當然需要資金。爲此，就成爲徵稅承包人做爲賺錢的手段。

當然，也有人對此提出質疑——

拉瓦錫家本來就是資產家，有足夠的錢提供他購買實驗道具。拉瓦錫只對賺錢有興趣，只是在閒暇之餘做化學實驗而已……。

很遺憾的，從筆者手上的資料無法判斷到底哪一種說法更正確。

總之，加入徵稅協會後，每年十萬法郎的收入，他都用來購買實驗道具和藥品。爲了賺取研究費用，拉瓦錫開始走上一條十分危險的路。

拉瓦錫的人生觀是：「爲了達到目的不擇手段」。這也是常見於研究者的冷酷性格。

但正因爲這種合理性，使他能夠在化學革命中獲得成功，並對學問的發展有著決定性的貢獻。

拉瓦錫爲當時只有一些奇談怪論的煉金術式的化學領域引進了化學方程式，使當今的近代化學得以體系化。這就是因爲他徹底的合理

拉瓦錫曾經使用過的大型精密天秤；展示在巴黎技術博物館

性的成果。

對於徵稅承包人的工作，他也認爲，「即使是不乾淨的錢，只要用得乾淨，就可以原諒」。但這種態度也導致了他的毀滅。

## 3 不擅長的繪畫由妻子代勞

拉瓦錫是一位孤傲的科學家。由於他實在太聰明了，進步也十分神速，所以任何人都無法跟上他的腳步，因此，找不到共同研究者。

只有比他小十四歲、有才氣的妻子助他一臂之力。拉瓦錫夫人是當年拉瓦錫投入徵稅協會這個惡名昭彰的組織時，該協會的會長看上了這個富有才氣的年輕化學家，所以將自己的女兒許配給他。

雖然身爲惡名昭彰的徵稅協會會長的女兒，沒有人會娶她，但她是十分富有才華的美女，從歷史上留下的肖像畫中也可以發現她的才氣。

兩個人在徵稅協會這個命運共同體中陷入情網，原本就十分賞識拉瓦錫的會長同意了他們的婚事。說句不好聽的話，或許是「一丘之貉」的背景，拉近了這兩個年輕人的距離。

他們是一對十分匹配的夫妻，對於缺乏共同研究者和助手的拉瓦錫，夫人成爲他稱職

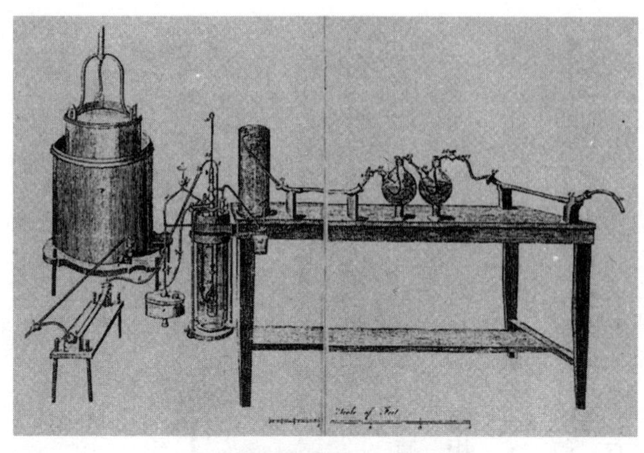

《化學要論》中的插圖

的助手，並支持他完成了在歷史上留名、富開創性的研究。

拉瓦錫的靈感非常敏銳，有十分精準的預測能力，卻不擅長實驗的後期處理以及道具的綿密準備。這些部分都是在拉瓦錫的指導下，由夫人加以協助。

另外，法瓦錫很不擅長繪畫，無法順利的畫出自己實驗的情況，也是由夫人加以協助。

她是曾經追隨達達比德夫人、接受過專業訓練的畫家，她十分逼眞的畫出拉瓦錫的實驗狀況，好像照片一樣，可以完全理解、重現當時的實驗情景。

在夫人的素描基礎上，拉瓦錫在一七八九年出版了《化學要論》。這是可以與物理學中的《自然哲學之數學原理》相提並論、深富歷史意義的化學教科書。

翻閱該書可以發現，除了沒有化學方程式以外，幾乎與現在的教科書完全相同。也就是說，我們目前在學校所學的化學基礎，除了借助了夫人的繪畫能力，其他都是由拉瓦錫一個人所創造的。

拉瓦錫成功的背後，絕對不能忘記這位極有才華的夫人的存在。

## 4 幾乎不曾在實驗中失敗過的天才

在科學史上，被稱爲天才的人並不是在終生所有的研究和技術開發上都能夠獲得成功，完全沒有失誤、失敗和毫無價值的東西。他們比別人更勇於嘗試，結果，成功的機率較高，或是成功的項目具有非常高的價值。

愛因斯坦的成功包括了狹義相對論、布朗運動原理、光電效應的理論說明、廣義相對論。之後的宇宙方程式充滿失誤，最後的統一場理論完全失敗。

牛頓在萬有引力、微積分法和運動三法則上獲得了成功，但光學中有許多異議，煉金術式的化學、聖經和年代記研究方面則沒有成功。

在愛迪生漫長、風光的發明家生涯中，其實還有許多可以令人發笑的、沒有公諸於世的發明。

令人驚訝的是，拉瓦錫的燃燒理論、比熱的理論以及質量不滅定律等，幾乎獲得了全面的成功。

以後世的角度看，唯一的錯誤就是將光、熱視爲元素，但與拉瓦錫的以元素表爲首的體系化成就相比，顯得十分微不足道。

在「沒有失敗」這點上，拉瓦錫可以說是天才中的天才。只有德國數學高斯能夠與他相提並論。

一般認爲，這一類型的人在一開始就知道答案。

## 5 被斷頭台處死

一七八九年，以巴黎巴士底獄遭襲爲契機，爆發了法國革命，拉瓦錫也被捲入歷史的波濤。

徵稅承包人首當其衝的被歸爲國家犯，成爲被攻擊的對象。

拉瓦錫雖然沒有親自上門催收，但由於身爲協會的幹部，不得不辭去從三十二歲就開始兼任的火藥庫監督官的工作。

一七九三年十一月，這位世界最優秀的化學家，被革命委員會視爲國家罪犯而遭到逮

捕。

對這項逮捕行動最積極的，就是曾經因為拉瓦錫而無法加入科學學院的前醫師瑪拉。對拉瓦錫恨之入骨的瑪拉，以微不足道的罪將拉瓦錫逮捕後，在審判時徹底斷定他的罪行，使拉瓦錫被判死刑。

一七九四年五月八日上午，由於一場陰謀的鬧劇審判，將拉瓦錫和其他徵稅承包人（也包括他的岳父）判處死刑。

罪名是在徵收香菸稅時虛報帳目等，由事先套好招的市民做出曖昧的證詞，勉強使罪名成立，並處以死刑。

在判決以前，由於沒有人為拉瓦錫辯護，因此拉瓦錫為自己辯護的行為十分出名。為什麼會出名？因為在沒有辯護律師的情況下，他是唯一一個思路清晰、能夠為自己辯護的被告。

他提出，自己年輕時就熱心公益，為國家的環境淨化、農業改良貢獻良多。並擔任火藥監督官，為國家奉獻，對改訂度量衡也十分盡力，並獲得了成果。而且，時代需要像自己這樣具有綜合能力的科學家，自己也撰寫了廣受好評的《化學要論》……。

雖然他闡述了自己許多的成就和對國家的貢獻，審判長科菲那爾卻以「共和國不需要科學家」駁回了他的辯護。雖然表面上是因為在封建國家時代完成的科學貢獻無法在共和

制下獲得肯定，因此無法獲得減刑，但實際上是對拉瓦錫提倡的立憲君主制論也持反對意見的瑪拉事先做了手腳，刻意想要抹殺拉瓦錫。

其實，拉瓦錫的自我辯護十分有理，沒有人能夠像他一樣在法國的國土改良、農業改良以及軍事技術發展方面發揮指導力，並做出卓越的成就。

但他的辯護絲毫不被接納，徹底被駁回。

在這場審判前，拉瓦錫自己也說：「對徵稅承包人的審判看似公平，其實完全是私怨的報復。」預感到自己無法逃過一劫。

然而，在一七九三年十一月拉瓦錫被逮捕至被判決的半年期間，學術界到底做了些什麼來營救他？

事實上，什麼都沒做。

對於一位做出如此卓越成就的偉大科學家，只有他的夫人爲他四處奔走。不可思議的是，最瞭解他的成就、也最能夠爲他辯護的法國學士院，甚至沒有向法庭提出「刀下留人」的請願書，完全沒有任何營救行動。

唯一的理由，就是對拉瓦錫不同尋常的偉大成就的嫉妒。

另外，天才特有的不妥協的傲慢態度，使他在學術界沒有任何一位朋友，處於完全孤立狀態也是原因之一。

而且，在革命浪潮下，學術界人士的明哲保身也使他們不願涉入其中。

結果，學術界沒有任何一個人願意挺身而出救援他，在革命勢力的集中攻擊下，他終於應聲而倒。

一七九四年五月八日，拉瓦錫在上午被判處死刑後，下午就在巴黎的協和廣場被送上斷頭台。在科學家精力最旺盛的五十歲，人生的高潮時，拉瓦錫消失在斷頭台上。

在一旁觀看死刑執行的數學家，也是拉瓦錫爲數不多的理解者拉格蘭吉認爲，比起這位懷才不遇的天才之死，法國和世界學術界將蒙受更大的損失。他說道：「砍掉他的腦袋只要一瞬間，但即使再過一百年，也不見得有像他一樣傑出的頭腦再度出現。」

歷史上不允許有「假設」、「如果」，但如果拉瓦錫成功的逃亡，沒有被處死，在五十歲後，仍然能夠在其他國家持續研究工作，沒有人能夠預測他將會有多偉大的成就。當時他已經開始研究生物領域的燃燒（呼吸）以及發酵的化學，相信一定可以獲得巨大的成就。

## ★漏網故事

### 用國民的眼淚購買的昂貴實驗器具

以世界科學史收藏品著稱的巴黎國立工藝保存院附屬技術博物館的中央，有一間「榮譽的房間」。在國寶級展覽品中，有一個拉瓦錫專區，除了展示具有歷史意義、決定「質量不滅定律」的超大型精密天秤以外，還有各種天秤、燃燒實驗器具、書簡、遺物等。這些物品都是拉瓦錫夫人在丈夫死後，四處奔走取回的物品，每一件都很可觀。但想到在當時，為了購買一台必須花費相當於現在三、四百萬元巨款的昂貴實驗器具，背後有多少國民為之流淚，就會產生一種複雜的心情。

# 8 達爾文

英國博物學家

**成就**

進化論

搭乘「小獵犬號」展開環球之旅，在南美、南太平洋群島、澳洲等地區針對生物的進化加以考察。回國後，發表了自然選擇的根本原理——「進化論」。生物種會發生變化的主張與基督教的教義完全相反，因此，除了對生物學，更對一般社會也產生了巨大的影響。

## 生平簡介

- 一八〇九　出生於什伯瑞克，祖父是進化論的先驅艾瑞斯瑪・達爾文，父親是醫師，母親是陶藝家威治伍德（Wedgewood）的女兒
- 一八二五　進入愛丁堡醫學院學習醫學（16歲）
- 一八二八　為學習神學而轉入劍橋大學（19歲）
- 一八三一　畢業於劍橋大學。做為博物學者搭乘小獵犬號展開環球之旅（22歲）
- 一八三二　調查南美及其附近（～一八三四）
- 一八三五　調查加拉巴哥群島等
- 一八三六　調查奧地利後，經由太平洋、印度洋和好望角後，結束五年的航海歸國
- 一八三九　成為皇家學會會員。與表妹艾瑪・威治伍德結婚。出版《小獵犬號航海記》（35歲）
- 一八四四　完成《物種起源》草稿，產生進化論的構想。出版《有關火山島的地質觀察》
- 一八五八　與華萊士共同發表「進化論」（49歲）
- 一八五九　出版《物種起源》（50歲）
- 一八六八　出版《家畜栽培物的變異》
- 一八七一　出版《人類的由來》
- 一八七二　出版《人類和動物的表情》
- 一八八〇　出版《植物的運動力》
- 一八八二　去世（享年73歲）

# 1 如果沒有華萊士，達爾文只是個默默無聞的老頭

查爾斯・羅伯・達爾文為了學習醫學進入愛丁堡醫學院，但不久就退學。為了學習神學，進入劍橋大學基督教專門學院。

但他對博物學十分有興趣，追隨劍橋大學博物學的亨斯洛教授。

一八三一年，在他畢業那一年，在亨斯洛的推薦下，成為海軍測量船小獵犬號的調查員，在大海上航行了五年時間。

小獵犬號從英國的德文港出發，在南美大陸沿岸航行，通過麥哲倫海峽，經由太平洋到達加拉巴哥群島。之後，又航行至南太平洋群島、澳洲等，繞過好望角後，踏上歸途。

在此五年期間，達爾文仔細觀察各種生物，對進化有了進一步的思考。

一八三六年回國後，達爾文逐漸將自己關於進化的想法歸納整理，但個性慎重、執著的他計畫要寫十七冊，所以，過了很久，仍然沒有看到任何有關進化論的成果。

當時，以拉馬克（註：法國生物學家）為首的實力學者已經開始提出有關進化的學說，雖然朋友很擔心的警告他，以他這樣的速度，一定會被別人超越，但他絲毫不聽朋友的勸力，仍然悠然的細心歸納。

達爾文搭乘的小獵犬號

一八五八年，達爾文四十九歲時，發生了一件很大的事件。

比達爾文年輕十四歲、居住在東印度群島的無名博物學者華萊士，寄給達爾文一篇論文的草稿，徵詢達爾文的意見。華萊士與達爾文一樣，在馬來半島和東印度群島進行了航海調查，只花了兩天時間，就將從一八五四年的四年時間的調查歸納爲論文。

達爾文看到論文的草稿時大驚失色。這篇有關進化的論文從引用馬爾薩斯的《人口論》到自然選擇的觀點，都與達爾文完全相同，他第一次發自內心的感到著急。

達爾文在小獵犬號航海調查的二十二年以後，仍然以烏龜走路般的速度歸納、整理的想法，與華萊士只花費兩天時間總結四年的調查所獲得的結論相同。

達爾文雖然對華萊士的靈感產生了恐懼，但仍然保持紳士的風度，沒有搶先發表自己的論文。

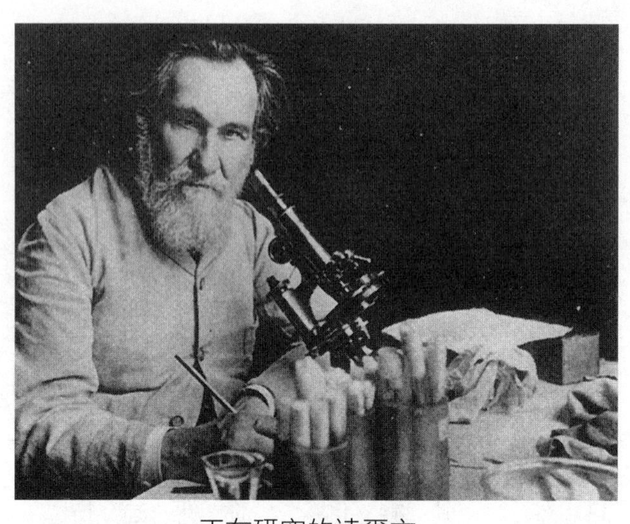

正在研究的達爾文

他寫信給華萊士，肯定了他論文的意義，並告訴他自己正進行著完全相同的研究，所以，希望能夠共同發表論文。在那一年，達爾文和華萊士在林奈學會共同發表了進化論，首次介紹了自然選擇學說。

在競爭激烈的成就主義的學術界，從表面上看來，達爾文所採取認同後進成就的態度，是罕見的佳話。

然而，他是在六月寄信給華萊士，七月就在林奈學會發表論文，其中只有短短兩星期的時間。在當時沒有電話的時代，根本無法獲得華萊士的同意，事實上，華萊士是在三個月後才知道林奈學會的事。

其實，達爾文對突然出現的優秀勁敵華萊士感到十分狼狽，之後立刻搶先出版，以獲得先得權。

被稱爲遲筆的達爾文以迅雷不及掩耳之勢，在次年一八五九年，將進化論的精華匯集成《物種起源》加以出版，之後，也相繼出版相關著作。

華萊士基於與達爾文相同的想法而廣泛蒐集資料，因此，達爾文認爲彼此所寫的書應該也相差無幾。既然如此，後出版的人就變成只是在炒冷飯而已。心急萬分的達爾文像著了魔似的拚命完成寫作。

無論任何人都可以明顯的感受到，達爾文憑著自己英國貴族的名聲抹殺了平民科學家華萊士，想要實質性的獨佔進化論的名聲。

結果，在出版上略勝一籌的達爾文贏得了世人的矚目，華萊士則完全被忽略，無法獲得任何名聲；進化論成爲達爾文一個人的功勞名留歷史。

在別人眼中優柔寡斷的達爾文，在這件事上所使用的手段實在令人驚訝。

華萊士屬於才華洋溢的創意型人物，但達爾文腳踏實地的整理爲數龐大的資料，在這方面，的確是達爾文獲得了勝利。正因爲花費相當長的時間，默默的整理資料，蓄積能量，才能夠在最後的百米衝刺中大獲全勝。

總之，如果沒有華萊士，達爾文就不可能完成全十七卷的著作（其實是分別出版的），不朽名著《物種起源》也無法問世。如果沒有華萊士，達爾文很可能只是一個喜歡蒐集東西的老頭子而已。

## 2 閱讀馬爾薩斯《人口論》後的確信

在小獵犬號航海途中，達爾文曾經停留在加拉巴哥群島。這裡是位於厄瓜多爾灣一千公尺，由十四個島嶼組成的群島，是各種生物新種的寶庫。

在加拉巴哥群島五個星期的調查中，他發現該群島上的十三種鶯雀（與麻雀同類）有著微妙的差異。

例如，生活在A島的A鶯雀都吃昆蟲，嘴喙呈修長形，生活在B島的B鶯雀專門吃種子，嘴喙很寬大。

這些鶯雀都是在太古時代，從南美大陸來加拉巴哥群島後，配合各島的生活而固定。

這些觀察一直停留在達爾文的腦海中，之後也昇華爲達爾文進化論根本原理「自然選擇」。

馬爾薩斯的《人口論》對達爾文產生了決定性影響。二十九歲時曾經閱讀該書的達爾文，對以下這段內容在腦海中「揮之不去」——

「人口的增加大於糧食的增加，因此，人口的數目必須因爲戰爭、疾病而不斷減少。」

當時，達爾文對自己的「自然選擇」說充滿了自信。

生物都很多產，由於有過剩繁殖的現象，因此會發生生存競爭。適合環境的有利突變會獲得保存，發生不利突變的生物會因此絕滅——這種過程就是自然選擇，也因此導致了適者生存。

從《人口論》中，就可以瞭解這種自然選擇發揮了多大的作用。

該書在當時是一本暢銷書。同樣的，閱讀過《人口論》的華萊士也得出了相同的結論。

## 3 沒有所屬的不可思議的人

前面也曾經談到，達爾文在大學畢業後，就隨著小獵犬號展開了五年的航海調查。許多少壯博物學家想要成爲學者時，都會依循這種方式。

但在結束航海調查後，達爾文卻沒有任何固定的職業，整天在家「碌碌無爲」。他不曾前往大學或研究所求職，只是寄生於身爲醫師的資產家父親的不成熟的青年。

雖然他參加了學會，但他並不是大學的專業研究人員，所以，也沒有發表任何研究結果。因此，他的前生只是有錢有閒、愛好博物學的人而已。

從小獵犬號航海歸來時，他已經二十七歲。在二十九歲時，他與表妹艾瑪・威治伍德結了婚。達爾文的母親是著名陶藝家威治伍德的女兒，在達爾文年幼時過世了。

達爾文的達溫大宅

結婚三年後，他們在倫敦郊外肯特郡的達溫村買了一大片土地和豪宅，並和父親一起從故鄉什伯瑞市搬去達溫大宅，一直到七十三歲過世時，都住在這裡。

在與華萊士共同發表進化論以前，達爾文在唐居的十六年期間幾乎是一個默默無聞的無名小卒。除了出版了《博物學者搭小獵犬號的航海（小獵犬號航海記）》、《有關火山島的地質觀察》以外，在四十九歲以前，與外界並沒有太大的接觸。

在號稱有二公里見方的廣大自家花園中，達爾文每天都會有規律地安排一定的時間散步，並且爲了將小獵犬號航海中所獲得的資料和構思歸納爲進化論，閱讀有關植物學和動物學的文獻資料。但無論看在誰的眼裡，都會認爲他的研究只不過是有錢人爲了打發時間的餘興節目。

在那個時候，達爾文對於進化論中心的「自然選

擇」（適者生存）根本原理也只是有著模糊的概念而已，在看到華萊士的論文草稿後，這種構想才迅速成形。

如果沒有華萊士，達爾文眞的只是一個對這方面略有研究的有錢人而已。

## 4 在外科手術中昏倒後，轉入博物學

在談論達爾文的進化論時，往往容易聯想到小獵犬號航海調查。其實，在進行進化論的研究時，在大學畢業以前掌握的龐大的博物學知識發揮了作用。只有在這些知識的基礎上，結合了資產力，才能夠持續四十年以上進行博物學、自然哲學和進行論的研究。

達爾文的父親原本希望他成爲一位法律專家，但由於達爾文興趣缺缺，所以，就希望他能夠像自己一樣成爲醫師，送他進入愛丁堡大學醫學系。

但達爾文不久就休學了。達爾文並不是討厭所有的醫學，相反的，他認爲醫學有博物學的傾向，所以，積極學習各個領域的知識。

然而，他很怕看到血。

在外科手術實習時，達爾文看到血就昏倒了，於是，領悟到自己並不適合當醫師，放棄了繼續就讀醫科。

與其說是達爾文不適合當醫師，更確切的說，是當時的外科手術方法有問題。當時的外科手術十分粗糙。

現在的手術，都使用手術刀，小心的切開並進行縫合手術。在當時，無論是凍傷或是壞疽，都會採取將不良的部位切除的方法，以防波及其他部位。

而且，當時有所謂「瀉血」的想法，認爲只要放出不良的血，就可以治療疾病。在治療高血壓時，也認爲應該放血，因此，毫不猶豫的動手術切開動脈，許多人因此喪命。

當時，許多理髮店師傅兼任外科醫師（據說理髮店前那個不停旋轉的標幟中，紅色就代表動脈，藍色代表的是靜脈），他們會在醫師的指導下或是自行爲客人動手術。

另一方面，當時的內科也很不正規，令人搞不清到底是怎麼回事。

當達爾文發現醫學無法光靠這些博物學的部分時，就決定從醫學系休學。

父親又建議他當神職人員，於是進入了劍橋大學。

但他對神學和古典缺乏興趣，剛好，劍橋大學是當時博物學的發源地，所以他再度對博物學產生極大的興趣，決定要成爲一位博物學家。

## 5 原因不明的疾病

達爾文一輩子都深受不明原因的疾病所苦。

他會週期性的出現低熱，全身極度疲倦。當症狀出現時，只能整天躺在床上，等到發病週期一過，又奇蹟般的恢復健康的身體。

達爾文在這種小康狀態時，集中進行工作，但在週期性的疾病來襲時，他變得極度神經質。

達爾文一直到晚年都持續在廣大的花園內散步的習慣，其實是想要緩和這種怪病所做的努力，但事實上，至少有使症狀不再進一步惡化的效果。

這種原因不明的怪病影響了對達爾文而言只是「興趣」、「愛好」而已的研究工作。

至於這種怪病的原因，一般認爲是因爲達爾文的身體本來就很虛弱，在隨著小獵犬號長期航海時，由於暈船的關係，嚴重影響了身體的狀況，又在某個島上被龜蟲刺後，罹患了寄生蟲病。

但小獵犬號的其他研究人員，以及長年在相同航路上工作的人員卻沒有像達爾文一樣的症狀，所以，也有人持反對意見。

雖然達爾文的一位親戚醫師認爲他是罹患了身心的「憂鬱症」，但以當時的專業知識和技術根本無法加以治療，所以，也就無法治好達爾文的病。

至於眞正的原因，至今仍然是個謎。

## ★漏網故事

### 唐居

達爾文度過了四十年研究生涯的寬敞豪宅——達溫大宅，目前成為達爾文博物館。位於肯特郡奧爾平頓，從倫敦搭火車約30分鐘，在南布羅墨雷下車。達溫大宅內有他所蒐集的龐大書籍、文獻、小獵犬號航海記錄、草稿類，都按照他生前的狀態加以保存。進化論之所以會誕生，這些龐大資料的功勞不可抹滅。

### 純粹的進化論只有一冊

談到達爾文時，都會談到進化論。達爾文針對珊瑚礁的形成方法、火山島的地質觀察、植物的運動力等做了許多研究。當時，達爾文曾經計畫

將這些內容和進化論一起寫成全十七冊的大作。但如果闡述自然選擇原理的進化論的主要部分都被埋沒在這十七冊中，很可能不會引起大家的注意。事實證明，他將精華部分歸納為《物種起源》加以出版的決定是正確的。

## 通俗易懂的英語

達爾文作品中的英語用詞十分通俗易懂。雖然是著名的論文，但卻十分容易理解。這也是曾經有那麼多人看過《物種起源》這本書的原因之一。基於他的性格，很可能是他為了能夠確實傳達自己的意見，經過多次推敲後才落的筆。

# 9 野口英世

主要活躍於美國的日本醫學家、細菌學家

成就

確立了蛇毒的血清療法
研究梅毒螺旋體

明治三十三年，二十四歲時前往美國。由於超群的語言能力和不斷的努力，在蛇毒研究領域嶄露頭角。之後，從麻痺性癡呆症患者的大腦中發現了梅毒螺旋體。成爲被視爲當時世界首席研究所——洛克菲勒研究所的正式研究員。最後被自己正在研究的黃熱病所感染，五十一歲就離開人世。

## 生平簡介

| | |
| --- | --- |
| 一八七六 | 出生於福島縣翁島村農民家庭 |
| 一八七八 | 掉入地爐中，左手燒傷（2歲） |
| 一八八九 | 進入豬苗代高等小學（13歲） |
| 一八九二 | 在會津若松的會陽醫院接受左手開指手術 |
| 一八九三 | 成為會陽醫院的助手（17歲） |
| 一八九六 | 通過醫術開業前期考試（20歲） |
| 一八九七 | 通過醫術開業後期考試。順天堂醫院員工 |
| 一八九八 | 進入北里柴三郎的傳染病研究所成為助手。名字由清作改為英世（22歲） |
| 一八九九 | 擔任訪日細菌學家弗雷克斯那的翻譯 |
| 一九〇〇 | 前往美國投靠弗雷克斯那（24歲） |
| 一九〇一 | 成為賓夕法尼亞大學病理學研究室助手，開始蛇毒的研究 |
| 一九〇三 | 前往丹麥留學。學習血清學、免疫學 |
| 一九〇四 | 返回美國。進入洛克菲勒醫學研究所 |
| 一九〇九 | 出版《蛇毒》，引起廣大迴響（32歲） |
| 一九一一 | 與瑪麗．達吉斯結婚（35歲） |
| 一九一三 | 從麻痺性癡呆症患者的大腦中發現梅毒螺旋體 |
| 一九一四 | 成為洛克菲勒研究所的正研究員 |
| 一九一五 | 獲得帝國學士院恩賜獎，暫時回到日本 |
| 一九一九 | 在厄瓜多爾研究黃熱病，並誤報發現病原菌 |
| 一九二七 | 為研究黃熱病前往非洲的阿克拉 |
| 一九二八 | 在阿克拉感染黃熱病，去世（享年51歲） |

# 1 從響尾蛇的毒牙拯救美國人一命的英雄

說到野口英世，日本人都知道他從事黃熱病的研究；但野口在世界上揚名，是因爲他對響尾蛇等蛇毒的研究，以及梅毒螺旋體的研究。

野口前往美國後，前去投靠他曾經爲其擔任過日文翻譯的賓夕法尼亞大學細菌學弗雷克斯那教授，幾乎是半強迫的方式進入了教授的實驗室，做爲助手。

野口在此開始進行蛇毒的研究，但他爲什麼會選擇蛇毒做爲自己的研究對象？

當時正處於顯微鏡帶來的病理學全盛時代，隨著柯霍（註：德國細菌病理學家，一九〇五年諾貝爾生理學或醫學獎得主）的結核菌（一八八二年）及霍亂菌（一八八三年）、北里柴三郎的鼠疫菌（一八九四年）和志賀潔的赤痢菌（一八九七年）的發現，也逐漸確立了治療方法。

蛇毒研究就是所剩無幾的領域中的一項。

蛇毒的研究非常危險且不容易出名，而且，只能採用人海戰術式的方法；在認爲「醫學是很帥氣」的美國醫學界，幾乎沒有美國研究人員研究這個課題。

雖然誰都不願意研究，卻是非常重要的領域。因爲，在美國開拓的最前線，不斷有人被響尾蛇咬而死亡。因此，需要採取毒液加以精製，確立血清療法。

野口注意到這個問題，瞭解到美國人不願意做的蛇毒研究其實十分實用，而且具有重要的意義，自己藉此聲名大噪是向故鄉的恩人報恩的最佳方法。

雖然不是白人的野口也只能夠進行危險、髒兮兮的蛇毒研究課題，但野口注意到其本質的重要性，並意識到對自己而言，這個領域的成功是自己獲得名聲的最短距離。

他在研究蛇毒時，沒有使用當時慣用的麻醉手法。因爲使用麻醉時，蛇毒會變質，無法進行理想的研究。

他用手抓住二公尺長的活響尾蛇的頭部，並以俐落的手法打開蛇的嘴巴，從毒腺中採集蛇毒。只有日本人的野口會使用這種「不要命」的方法。

有一次，響尾蛇的毒噴了出來，噴進野口的左眼，他立刻感到一陣劇痛，雖然不停的用水沖洗，但上、下眼皮還是腫起，眼睛都無法張開，劇痛一直持續了四個小時。在疼痛稍微減輕後，感覺想要嘔吐和輕度的頭痛。

以症狀來看，被噴到的蛇毒量應該很少。可能是在採樣時，試管內的一部分蛇毒噴了出來。

但蛇毒的威力還是令人不敢輕視。

在七年的努力後，終於瞭解了響尾蛇、蝮蛇和眼鏡蛇等蛇毒的中毒作用的結構，以及

血清製作方法等解毒必要的血清治療法的全貌。

他將所有的研究內容歸納整理後，出版了近一千頁的大作《蛇毒》（一九〇九年），野口因而在世界醫學名聲大噪。

野口確立的血清療法拯救了許多美國人的性命，在美國受到極度的肯定。當時的美國報紙大篇幅的介紹了野口成就。

## 2 「人力發電機」

一九〇四年，當弗雷克斯那成爲洛克菲勒醫學研究所所長時，野口也一起轉往該研究所，並著手研究梅毒病原體螺旋體。

當時的美國完全是基督教社會，認爲梅毒是不道德的病，所以，並沒有人積極的加以研究。當然，美國的菁英醫學家根本不可能去研究梅毒這種疾病。

基於與研究蛇毒時相同的理由，他再度投入了梅毒研究。

德國的夏伍帝和赫夫曼已經發現了梅毒的病原體螺旋體，野口則是從麻痺性癡呆症病患的解剖腦中發現了螺旋體。

當時有一種可怕的癡呆病會導致全身出現麻痺症狀，野口成功的發現致病原因是梅毒

螺旋體隨著血液循環流入大腦的關係。這項成就使野口的名聲更加如日中天。

野口最大的挑戰是培養純粹的梅毒螺旋體。想要製作對付梅毒的血清，首先必須大量培養純粹的梅毒螺旋體。

螺旋體是介於寄生蟲和病原菌之間的病原體，繁殖力極差。在感染梅毒後到腦部的病變（腦梅毒）需要約三十年的時間。因此，在培養過程中，其他雜菌容易進入，很難單獨培養。

野口找到了兔子的睪丸這個特殊的培養場所，結果獲得了成功。

在賓夕法尼亞大學的蛇毒研究，以及在洛克菲勒研究所的梅毒研究時，野口的專心投入令同行的美國研究人員大感驚訝。

他幾乎二十四小時不眠不休的工作，因此有了「二十四小時工作男」（twenty four man）和「人力發電機」（human dynamo）的外號。

最有名的，就是在培養病原體和製作血清時的試管操作時，都完全靠自己一個人。他擔心交由助手處理會混入雜菌，所以，凡事都要自己親自進行。因此，必須一個人操作大量的試管。

有時候，甚至需要同時處理一千根試管。

野口無論白天、黑夜都精力旺盛，來回穿梭於試管之間，不停的搖動試管。

洛克菲勒醫學研究所的野口英世

「想要超越他人，就不能休息。」

這是當時野口經常說的話。

但在日本也被視為偉人的野口，其實也有不為人知的一面。

其實，他很喜歡酒和色。

既然被稱為「二十四小時工作男」，這麼賣力的工作，當然會導致很大的精神壓力。他的薪水全都消耗在歡場。

而且，他很容易動怒，經常找人打架，生活也很不檢點。他的許多美國同事對沒品、突然發跡的野口很反感。

然而，野口的進取心一直支持著他的工作動力，他不會在意外界的雜音，像中了毒般的投入工作。

他十分清楚的知道，既沒錢又默默無聞的自己可以靠什麼獲得成功，只有從事蛇毒、梅

毒等美國人不願意研究的領域才是自己的成功之路。由於他的目的十分清楚，同時爲此不懈努力並發揮超人的毅力。

野口培養純粹梅毒的實驗沒有人能夠再度成功，因此，有人認爲野口的成功是虛構的。但筆者認爲，是沒有任何一位研究人員可以達到像野口那樣的試管操作方式，所以，無法因此否定野口的成就。

## 3 對故國的絕望

在獲得衆多成就、並受到洛克菲勒親口稱讚「優秀的日本人」的野口，終於如願的成爲世界醫學人員嚮往的洛克菲勒研究所的正式研究員。那是在一九一四年，也就是野口三十七歲那一年。

那一年，野口繼一九一一年獲得京都帝國大學的醫學博士後，又獲得了東京帝國大學的理學博士。

在翌年的一九一五年，更獲得日本學術研究最高名譽的帝國學士恩賜獎。

「世界的野口」揚名海外後，日本的學術界也終於有所行動，不得不授予他兩個學位和恩賜獎。

一九一五年九月，爲了出席帝國學士院恩賜獎的頒獎儀式而凱旋歸國的野口，當然希望自己能夠成爲東京帝國大學醫學系的教授，卻完全沒有受到邀請。

當時日本的醫學界還十分頑固，並沒有眞正認同在美國大獲成功的野口。日本的醫學界充滿了封閉的學派主義，甚至嫉妒野口的成功，認爲他不是大學醫學系的畢業生。也就是說，基於缺乏醫學必要的高學歷，以及出身於農村的農民家庭等與他的成就毫無關係的理由，沒有提供野口帝國大學教授的職位。

野口有許多被誤認爲出自美國人之手的英語著作，以及超過二百六十篇的英語論文，但在日本卻完全無法受到重視。

野口英世獲得的各國勳章

日本醫學界十分封閉，重視學歷、學派、血統勝於成就，曾經在北里柴三郎的傳染病研究所工作的野口十分厭惡這種封閉（連基於與帝大對抗目的而設立的傳染病研究所也是如此）。日本醫學界的體質在他前往美國的十五年後，仍然沒有絲毫的改變。

野口對絕對無法接受自己的故國徹底

絕望；爲了繼續激烈的競爭，他再度回到美國。

他雖然好幾次成爲諾貝爾生理學醫學獎的提名人，但除了因爲他是日本人以外，最重要的是，他從來沒有受到過日本的推薦，因此與諾貝爾獎擦身而過。

很遺憾的，當今日本的醫學界仍然延續著封建的權威主義，這從各大醫院醫學教授回診時的「大排長龍」就可以略知一二。

## 4 為了報恩而當了醫生

野口一歲時，母親在田地裡工作，他不小心掉進地爐，結果左手嚴重燒傷，使左手的手指都黏在一起。

爲此，在他年幼時代一直受到欺侮，他經常會將左手藏起來。

但他自幼發揮自己的聰明才智，在小學四年級時，成爲全學年的第一名，並當上了小老師，代替老師教其他學生。

原本就很聰明的少年在遇到小林榮後，踏上了成爲「世界的野口」之路。

高等小學老師的小林很賞識野口的才華，所以，在學費上完全援助。通常只有村長和有錢人的小孩才能讀高等小學。

野口在高等小學也保持第一名的成績。

有一次，野口在寫作文時提到了自己的左手。結果，在小林的號召下，同學和老師共同出資，支付了高額的手術費用。

雖然手術十分困難，但在小林所介紹的留美歸來的名醫渡部鼎的執刀下，野口左手的各個手指終於可以獨立活動了。

渡部醫師的手術消除了野口的自卑，也體會到醫學的美好。這是他向醫學發展的決定性動機。

如今的醫學系學生的動機都很現實，太富算計，剛好在學校的成績不錯，認爲學醫是名利雙收的最佳方法。但在當時，許多年輕人學醫的動機都是基於「醫爲仁術」、「治病救人」的倫理觀。渡部醫師也是屬於這種國際感十分強烈、人格崇高、以治病救人爲目的的醫師。

在進取氣氛強烈的會津，從醫是許多年輕人的理想，這種風土人情也對野口產生了一定的影響。

但野口的「爲拯救世人的醫學」目標，與前面所談到的基於「出名欲望」而在美國研究蛇毒和梅毒等，似乎完全矛盾。

事實上並沒有矛盾。任何人在內心都有許多的自我同時存在，基於「名譽欲望」而從事研究工作的根本，一定有「想要對社會有所貢獻」的想法。

其實，野口在他去世前十年開始，就開始前往中南美、非洲各地，協助當地政府根治風土病。

野口的「基於想要出人頭地的欲望，拚命努力，想要獲得名聲」只是他的一個面而已，在他的內心，也有著要回報渡部醫師和小林榮的心情，並以此爲動機，發揮了當年想要從醫的崇高精神。

一九一五年野口暫時回日本時，他首先去拜訪會津的小林榮。

偉人的背後一定有一位偉大的母親，這是歷史的事實，野口的母親志佳也不斷激勵、支持著他。

野口英世的母親志佳

雖然很少有人提到志佳，但其實她是某件歷史小故事的主角。

在因爲白虎隊的自我了斷而出名的會津若松城淪陷的一八六八年，官軍乘勝追擊，想要燒毀鄰村的翁島村（現在的豬苗代町，也是野口的出生地）時，拚命向官軍哀求，使村莊免於被燒毀命運的，就是只有十六歲的志佳。

野口堅定的意志和行動力繼承了母親的血統。

志佳經常對淸作（英世年幼時的名字）說——

「想要出名，就要做偉人。」

「受人恩惠，一定要回報。」

野口基於後面那一句話當了醫師。

而且在前往美國後，也實現了前面那句話。

野口之所以富有國際觀，是因爲他青少年時期所生活的福島縣，尤其會津若松市在當時正處於美國移民團歸國時期，有許多外國人造訪日本。可以說，野口在年少時已經對美國十分熟悉。

## 5 黃熱病的悲劇

在研究蛇毒和梅毒後，野口投入了黃熱病的研究工作。

黃熱病是一種致死率極高的熱病，使中南美、非洲地區陷入一片恐慌。

蚊子是這種疾病的傳播途徑，感染後，會出現類似感冒的症狀，不久，就會侵犯肝臟，出現強烈的黃疸，最後吐出黑色的血，數天後，70～80％的病患會死亡。

一九一八年中期，野口前往中南美的厄瓜多爾，翌年，他發表他發現了黃熱病的病原菌。

野口因爲這項成就獲得了法國榮譽勳章和美國內科學會的圓形勳章，令他站上人生的頂點。並開始大量生產黃熱病專用的「野口疫苗」。

但其他研究者培養黃熱病死亡病患的體驗加以證實時，卻發現其中並沒有野口所發表的病原菌。

而且，在培養的體液加以過濾後剩下的濾液注射在小白鼠身上後，小白鼠又罹患了黃熱病。假設黃熱病的原因是如野口所說的細菌，就不應該殘留在濾液中，小白鼠也不應該會發病。

於是，就證明了野口所發現的黃熱病病原菌是錯誤的。

由於是世界聞名的野口所發表的內容，他所屬的洛克菲勒研究所也因爲這項錯誤名譽掃地，被逼入絕境。

一方面是因爲洛克菲勒研究所的施壓，另一方面，他有著想要恢復名譽的強烈意志，所以，在一九二七年，野口飛往非洲的阿克拉。

他試圖證明自己的意見沒有錯，但之所以會與複試者的結果不同，是因爲非洲的黃熱病與中南美的黃熱病有所不同。

其實，複試者是使用非洲而不是中南美的黃熱病患進行實驗。野口認為，複試中之所以沒有發現該菌是基於地區的不同所致。

雖然周圍人認為「會有生命危險」而加以反對，但野口還是登上了前往非洲的旅途。基於他的倔強和人生觀，他不得不這麼做。

曾經被稱為「人力發電機」，完全不知道疲倦、擁有堅韌體力的野口，身處人生地不熟的非洲，在由工廠改裝的研究設施內不眠不休的工作後，身體日漸消瘦，簡直與以前判若二人。

在前往非洲第二年的一九二八年，很諷刺的感染了研究中的黃熱病，死在阿克拉的小型研究所。年僅五十一歲。

黃熱病與感冒一樣，身體健康時不會發病。在當地也有許多體格健碩的人，或是在不知不覺中產生免疫的人都沒有罹患黃熱病。

可能是因為研究一直沒有結果，使他感受到一種絕望感，同時，在嚴酷氣候下賣命工作，終於使野口倒下了。

野口死後，那些以前就對他不以為然的美國研究同事曾經說：「他是對自己的錯誤感到悲觀，所以才去非洲自殺。」

也就是說，他們認為他是去非洲尋死的。但筆者並不如此認為，以野口的性格，應該是認眞想要消除黃熱病的汙名。

但明顯的，野口的黃熱病研究的確失敗了。黃熱病病原體雖然成爲野口最後的功名對象，但以他當時的技術和道具，根本不可能發現。

其實，黃熱病的致病原因是病毒，是光學顯微鏡所能看到的細菌大小的十分之一。只能在電子顯微鏡下，才能看到病毒。

電子顯微鏡是一九三二年，由德國的克諾爾和盧斯卡所發明的，是在野口死後的四年之後。

而且，電子顯微鏡發明後經過不斷改良，在十年後，才能保持安定，得以運用在病毒研究上。

野口所發表的，其實是韋爾氏病病原菌的變種。韋爾氏病的症狀與黃熱病十分相似。

野口是藉由光學顯微鏡進行研究全盛時代的人。他在蛇毒和梅毒的研究上的確獲得了偉大的成就。

## 海外的野口巡禮

野口晚年前往墨西哥、南美、非洲等地訪問，對當地病的治療做出了巨大貢獻，也受到了各國各市的表彰。如今，在巴西的里約熱內盧市還有「野口路」，在坎皮納斯市有一個「野口廣場」。

野口的墓位於紐約市北方，位於地鐵四號線終點的威特龍墓地。

## 紀念館、老家

在東京都新宿區大京町的野口英世紀念會館內，可以看到包括《蛇毒》原稿在內的野口英世的成就。

這是在野口去世後，瑪麗夫人將小林榮先生所贈送的遺物加以保存、展示於此。還有許多野口使用的日常用品、親筆的自畫像、親筆寫的書、任免書、地球儀和獎狀等。

福島縣豬苗代町三城潟的老家則成為野口英世紀念館，也保留了當年清作曾經掉下去的地爐。野口的老家本身十分寬敞，實在無法想像是一個貧農家庭。據說野口的祖父那一代還是富農，但從他父親那一代開始沒

落。

## 野口語錄

「忍耐很苦澀，但結果卻很甘甜。」

「天才就要用功，用功就可以成為天才。要努力，要用功。只有比別人用功三、四、五倍的人，才可以成為天才。」

「我沒有像這本書上所寫的那麼完美。任何人都不完美，也不想要完美。人生不可能沒有浮浮沉沉。」

## 母親志佳

從一個人挺身拯救了村莊危機的故事中就可以瞭解，野口的母親志佳是個非常富有行動力的人。

為了照顧吊兒郎當的丈夫、病弱的祖母和兩個孩子，志佳必須不分晝夜的工作，同時還經常跑去學校阻止其他孩子欺侮清作，直接與欺侮清作的孩子談判。

也是志佳告訴小林榮清作「想要繼續上高等小學」的志願，使小林榮

決定要全額援助學費。

當野口想要當醫師時，志佳也是去找小林榮商量。

事實上，為「世界的野口」鋪路的，或許不是小林榮老師，也不是渡部醫師，而是母親志佳。

# 10 焦耳

英國實驗物理學家

## 成就

發現焦耳定律
計算出熱功當量
建立能量不滅定律的基礎
發現焦耳－湯姆生效應

注意到伴隨電流產生的發熱現象，而發現焦耳定律。之後，埋頭於研究產生的熱量與功的比例（熱功當量），確定1卡路里相當於4.15（現爲4.19）焦耳的功。並確認了在一定的關係下，熱量與功可以相互轉化，奠定了能量不滅定律。

## 生平簡介

| | |
|---|---|
| 一八一八 | 出生，索福特啤酒莊莊主次子 |
| 一八三八 | 改造工廠，建造了實驗室（20歲） |
| 一八四〇 | 發現了在導體中產生熱量相關的焦耳定律（22歲） |
| 一八四三 | 發表〈磁電的熱效果以及熱的機械值〉論文（25歲）並開始進行決定熱功當量的實驗（電磁引擎的發熱）（～一八四五） |
| 一八四五 | 開始第二次決定熱功當量的實驗（攪拌水的最初熱功實驗）（～一八四七） |
| 一八四七 | 發表了熱功當量。湯姆生（之後的開爾文，當時23歲）認同了其價值（29歲） |
| 一八四八 | 開始第三次決定熱功當量的實驗（攪拌水的精密熱功實驗～一八五〇） |
| 一八五〇 | 獲選為皇家學院會員（32歲） |
| 一八五四 | 發表焦耳－湯姆生效應（36歲） |
| 一八六六 | 獲得科普力勳章（48歲） |
| 一八七二 | 英國科學振興協會會長（第一次）（54歲） |
| 一八七八 | 最後的決定熱功當量實驗（60歲） |
| 一八八四 | 出版科學論文集（全二集，～一八八七） |
| 一八八七 | 英國科學振興協會會長（第二次）（69歲） |
| 一八八九 | 去世（享年70歲） |

# 1 啤酒莊次子的樂趣

詹姆士・普雷史科特・焦耳出生於曼徹斯特附近的紡織工業城市索福特，是富裕的啤酒莊主的次子。

他生性內向，害怕與他人相處，所以拒絕上學。一般認爲是因爲他身體有殘疾，對此感到自卑的關係。

至於到底是哪方面的殘疾，由於缺乏明確的記載，所以至今是一個謎。但焦耳自己對此卻十分在意。

結果，他沒有去學校讀書。由於家庭富裕，在家庭教師的教育下，掌握了基礎學習能力。

幾點到幾點是拉丁語課，幾點到幾點是化學課，每天都有固定的課程安排，由不同的家庭教師負責不同的學科。因爲不像學校教育那麼嚴格，所以，焦耳得以在比較自由的環境下學習。

在焦耳十幾歲時，有一位特殊的家庭教師，就是原子論的創始者道爾頓。

道爾頓是焦耳父親的好朋友，於是，受焦耳父親之邀指導焦耳的功課。當時，道爾頓

已經六十五歲了。

著名的原子論創始人受朋友之托，指導朋友的兒子，但他立刻發現了焦耳的才華，向他訴說自然科學的精神，也因此啓發了少年焦耳，使他決心走向科學之路。這二位在科學歷史上留名的「老少配」的邂逅可以說是命運的安排。焦耳與道爾頓的相遇，對焦耳精神方面的影響過程值得更進一步深入研究。

焦耳在二十歲時，在啤酒工廠中設立了一個與製造啤酒完全沒有關係的私人大實驗室。工廠本來應該由兄弟二人共同經營，但焦耳卻完全將工廠的工作交由兄長處理，自己完全沉迷於科學實驗的「興趣」中。

他很快在這個實驗室中測定了電動機產生的熱量，並發表了論文。一位早熟的實驗物理家誕生了。

兄長負責經營工廠賺錢，以此供養弟弟的興趣（科學實驗），這實在是十分優雅的關係。而且，這種關係一直持續了很久。

一般認爲焦耳之所以對實驗產生興趣，是受到了自學學者史塔金的影響。史塔金是電磁鐵的發現者，在鞋店當學徒後，進入軍隊，在才能獲得認同後，長官們熱心的教育他，在退伍後，他成爲電力實驗家。焦耳認爲自己的境遇與史塔金十分相似，所以，他的故事給了焦耳很大的勇氣。

焦耳在一八四〇年、二十二歲時，也是在該實驗室發現了「焦耳法則」。導線中產生的熱量與電流値的平方與導線的阻力的乘積成正比。這時所產生的熱稱爲「焦耳熱」。

那是在實驗室完成兩年後的事。

雖然焦耳的實驗工作看似與啤酒莊毫無關係，其實也有那麼一點關係。發酵與生物學有關，裝置與化學工學、機械工學、溫度與物理學有著密切關係，爲了能夠在衆多啤酒莊中生存，必須引進日新月異的技術進步，努力實現近代化。

## 2 走向成名之路

雖然對焦耳來說，實驗只是興趣而已，但他還是認爲有必要參加學會，所以成爲了英國物理學會（自然哲學會）的會員。

雖然一開始只是去聽一些學術講座的會員，但隨著研究的進展，逐漸成爲能夠發表學術論文的一流會員，於是，產生了想要在學會獲得成功的名譽欲望。

如果不從事研究，不發表研究成果，參加學會就沒有任何意義。

於是，他開始「尋找課題」，思考如何才能使自己成名，什麼是最先進的重要話題。成功的研究者想要在學會嶄露頭角時，會花費相當一段時間「尋找課題」。

當時，學會最熱門的話題就是研究「熱量的工作當量」。

這是明確熱量與工作量之間對應關係的研究工作，1卡路里的熱量相當多少的功（工作當量）。這在熱量學和能量學中，是十分重要的研究，也是完成物理學的最重要法則「能量守恆定律」絕對不可或缺的數值。

當時，牛頓已經完成了「力學的能量守恒定律」，但包括工作在內的綜合「能量守恒定律」還沒有完成。

波茲曼（註：奧地利理論物理學家）、依倫、薩根等世界各地的科學家都希望自己能夠計算出這個數值。

但這些都是以一流科學家爲目標的二線級科學家，那些已經獲得一流名聲的科學家們十分瞭解這種定數決定實驗的困難度，所以不會輕易投入其中。

即使在現在也是一樣，熱量容易散發，所以熱量測定的定量化十分困難，這種實驗很可能會耗費一輩子的時間，在激烈競爭的科學界中，許多科學家都望而卻步。

一個當量決定實驗很可能耗費科學家的生命。

只要能夠決定，就保證可以獲得名聲。許多人曾經挑戰這個當量決定實驗，但結果卻無法統一，無法獲得一個令人信賴的數值。

目標明確後，是否要付諸行動就必須由當事人自行決定。這種決定看似簡單，卻非常

困難。

焦耳認識到這是自己唯一的成名之路，於是，決定「要做」。他很喜歡這種默默的工作，這項工作很有甜頭，既有時間又有金錢，沒有更適合自己的課題了；所以，焦耳在找課題上並沒有花費太多的時間。

相信除了焦耳以外，也有許多人決定「要做」，但他們並無法在歷史上留名。雖然決定「要做」也是一件困難的事，但「獲得成功」則是難上加難。爲此，需要付出超人的專注力、持續力和完成能力，同時，也需要一點「運氣」。

## 3 專心執著的溫度魔術師

焦耳從一八四三年至一八五〇年，專心地進行熱功當量的實驗，一八七八年進行了最後的實驗，總計花費了足足三十六年。

因爲專心於一項工作而獲得成功的，還有發現電素量的米利肯（註：美國物理學家，一九二三年諾貝爾物理獎得主）和發現光速的邁克爾遜（註：美國籍物理學家，生於德國，一九〇七年諾貝爾物理獎得主）而已。

爲了決定熱功當量，焦耳做了各種實驗，最有名的就是使重量落下時，相連的槳會轉動，導致水溫上升，只要測量水溫上升情況，就可以瞭解熱功當量。這項實驗現在出現在教科書上。

事實上，這個實驗決定了歷史上的J值（功當量的值）。

在計算熱的功當量時，必須正確的知道功W和熱量Q的數值。W可以根據力學計算獲得比較精確的數值，但問題就在Q。

只要瞭解質量m、比熱c和溫度的變化t，就可以根據公式Q＝mct計算出產生的熱量。在焦耳的水攪拌實驗中，m為六千克，由於使用的是水，所以c為1，可以省略。

因此，t的值決定了Q的精確度。也就是說，關鍵在於能夠精確測量到幾位數的溫度。

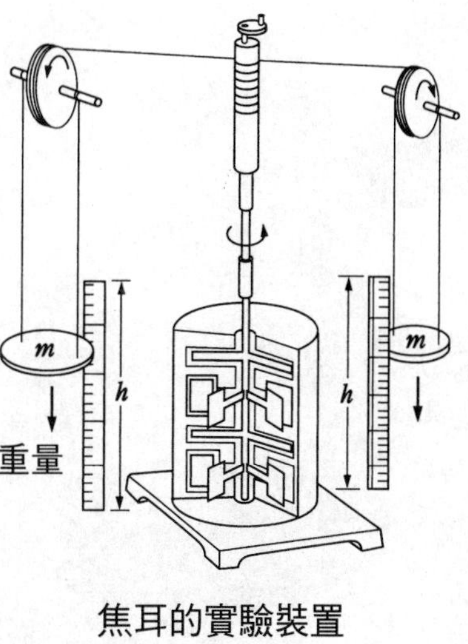

焦耳的實驗裝置

可以精確的測量到小數點後幾位數的t值，決定了Q的精度，也決定了功當量的正確度。

為了能夠擴大的看清楚每一個刻度，他開發了一個巨大的溫度計。由於無法自行製作，於是，就拜托了熟識的科學器材行，用三根當時著名的熱量學家勒尼爾製作的校正用標準溫度計校正後，製成了一根長達一公尺的特製巨

大溫度計。

最小的刻度爲華氏1/20度，再使用放大鏡就可以讀到1/10的刻度，也就是可以讀到華氏1/200度（攝氏1/360度）。

焦耳根據牛頓的冷卻法則瞭解到，溫度差越大，熱流越大。也就是說，爲了減少熱量損失，增加溫度測定的精確度，必然需要能夠瞭解微小的溫度變化。

展示在倫敦科學博物館內
焦耳的實驗裝置實物

焦耳還在銅製的裝水容器下方墊了木枕，防止傳熱；爲了避免測量本身者的身體表面釋放的熱量進入裝置內，就站在木塊上。爲了以防萬一，選擇在氣溫比較穩定的深夜進行實驗。

他幾乎有效的設法防止了所有熱量流失，即使現在看來，仍然不得不佩服是十分周到的設計。焦耳簡直是溫度的魔法師。

一八四七年，焦耳計算出前所未有的精密J值，並在學會上加以發表。

## 4 使會場氣氛立刻改變的「湯姆生效應」

當時，想要在學會上發表自己的研究成果，首先必須在學會雜誌等刊物上刊登（或是確定一定可以發表）論文。然後，才可以在學會發表。當贏得掌聲時，才可以再度發表正式的論文。

學會的雜誌當然拒絕刊登默默無聞的焦耳所寫的J值決定論文。

焦耳走投無路，只能苦苦哀求報社刊登他的論文。想必也動用了一些關係，最後，終於刊登在曼徹斯特報上。

當終於有機會在學會發表時，他報告了自己投注了多年心血的實驗結果。

但在一開始，全場毫無反應。

會場一片寂靜，一陣無言的沉默。

他發表資料中的超微小溫度精度，也就是可以讀到華氏1/200度（攝氏1/360度）的驚人精度，令當時的專業物理學家感到質疑，根本不把他當一回事。

況且，這些科學家認爲焦耳只是一個啤酒莊的小開，啤酒莊的人只瞭解一般的溫度計，根本不可能測定到這個精度的溫度。在他們眼中，不過是一個外行人算出的一堆無意義的

數字而已。

在會場中，有一位格拉斯哥大學二十三歲的年輕教授湯姆生（之後的開爾文）。他對這份實驗報告很感興趣，在一片寂靜的會場中站起身來，並針對焦耳的實驗裝置提出了許多問題，並確定溫度測定的精度是「確有其事」。

然後，他肯定了焦耳的實驗，並條理清晰的說，測定熱量本來就十分困難，焦耳爲了防止熱量損失造成誤差而採取「縮小溫度差以提升精確度」的方法十分正確，用焦耳的方法計算出的J值是決定版，給予焦耳極佳的肯定。

名門大學格拉斯哥大學教授這樣一位權威者的發言，立刻使原本冷漠的會場氣氛產生了極大的改變。

焦耳獲得了徹底的勝利。

焦耳的實驗之所以能夠在歷史上留名，全拜天才湯姆生當時的理解力所賜。其實，湯姆生之所以會出現在會場，也是事出偶然。

焦耳在之後的一八四八到五〇年期間，又繼續實驗，更精密的測定J值。當時的實驗結果如下——

| | |
|---|---|
| 第一次實驗 | 在有六片螺旋槳的容器中裝入 27.8Kg 的水銀，使之旋轉，溫度上升 1.34℃，J ＝ 776.30（英尺磅，ft・pdl，功的單位）。 |
| 第二次實驗 | 將二塊 2.9 公斤的鐵板圓板相互回轉摩擦，並使用 13.2Kg 水銀，溫度上升 2.392℃，所以 J ＝ 776.98（英尺磅）。 |
| 第三次實驗 | 就是著名的水攪拌實驗中，在八片螺旋槳的容器（直徑20公分，高20公分）中加入6公升的水，計算出 J ＝ 772.69（英尺磅）。 |

他採取了測定值最穩定的第三次實驗結果。以如今的焦耳單位來計算，相當於每卡路里＝四・一五焦耳（正確值爲四・一九）。

這是歷史上第一次以實驗的方法確定了J值。以當時道具的一般精度來看，這個數值的確是令人驚訝的數值。

一八五〇年，當時世界最有名的物理學雜誌《Philosophical Transaction》刊登了焦耳的正式論文。焦耳的辛苦獲得了肯定，得以留芳百世。

所有這一切，完全應該歸功於湯姆生，如果沒有湯姆生，誰也不會注意到焦耳的實驗，焦耳永遠都不會成名。

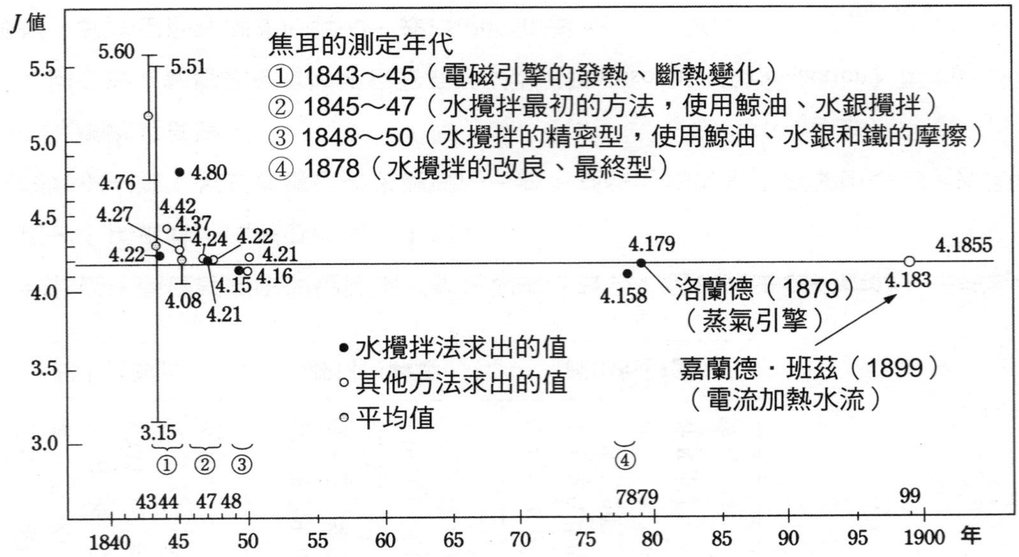

J值

焦耳的測定年代

① 1843～45（電磁引擎的發熱、斷熱變化）

② 1845～47（水攪拌最初的方法，使用鯨油、水銀攪拌）

③ 1848～50（水攪拌的精密型，使用鯨油、水銀和鐵的摩擦）

④ 1878（水攪拌的改良、最終型）

5.60 5.51 4.80 4.76 4.42 4.37 4.27 4.24 4.22 4.22 4.21 4.21 4.16 4.15 4.08 3.15

4.179 4.158 4.183 4.1855

洛蘭德（1879）（蒸氣引擎）

嘉蘭德・班茲（1899）（電流加熱水流）

● 水攪拌法求出的值

○ 其他方法求出的值

○ 平均值

5.5 5.0 4.5 4.0 3.5 3.0

43 44 47 48 78 79 99

1840 45 50 55 60 65 70 75 80 85 90 95 1900 年

焦耳研究 J 值的變遷

焦耳雖然比湯姆生大六歲，但這個富戲劇性的邂逅使他們一見如故，開始共同研究熱學，一八五四年，發現了「焦耳—湯姆生效應」。這是氣體在斷熱膨脹時，溫度會急速下降的現象，奠定了當今極低溫物理學的基礎。

湯姆生（開爾文）是十九世紀最偉大的物理學家，有許多偉大的成就，但他年輕時對焦耳所做的實驗的肯定，是他所有成就中最偉大的。

## 5 在蜜月旅行時，將溫度計插入瀑布

有一則關於焦耳蜜月旅行時的軼事。

焦耳和太太究竟是如何相識的，由於缺乏這方面的傳記，因此不得而知。兩個人在婚禮後，前往曼徹斯特近郊的觀光地蜜月旅行。那裡有一個大型的、很漂亮的瀑布，景色十分壯觀。

但年輕丈夫焦耳的手上，竟然抱著一個令人難以置信的東西，那就是他最引以爲傲的、長達一公尺的巨型溫度計。

對內向、很少出門的焦耳來說，蜜月旅行是感受外界難得的機會。他就像著了迷一樣，四處測量自然界的溫度。

在看到美麗的瀑布時，他立刻穿過灌木叢，走向瀑布，爲了證實他當時正熱中的「攪拌是否可以導致溫度上升」，他開始在瀑布下方測定溫度。當然，新婚的妻子被擱在一旁。

瀑布的熱容量很大，而且是流水，當然無法觀察到溫度差，但這種想法並非只是溫度測量魔的奇怪行爲，而是日後靠水的攪拌實驗確定J值實驗的原點，也因此使他名留千古。

當時，他已經靠直覺瞭解到摩擦的效果可以直接體現在溫度的上升。

但相信帶著一公尺的溫度計去蜜月旅行的人，應該是除了焦耳以外，「前無古人，後無來者」。在新婚妻子面前用溫度計測量瀑布溫度的行爲，也令人難以置信。

之後，焦耳是否因爲熱中於水的攪拌實驗的溫度測定而冷落了太太，由於沒有留下任何線索，後人無法得知。可以瞭解的是，焦耳雖然結了婚，但他其實是和不允許有半點差錯的科學結了婚。

## ★漏網故事

### 熱功當量如今已經不再需要

焦耳熱中的投入而決定的熱功當量，如今成為一個不需要的數值。當瞭解熱量的本質就是能量時，就不必換算成卡路里。如今，熱量也用焦耳

為單位表示。

這是否代表焦耳的努力白費了？其實，在決定熱功當量後，確立了能量守恒定律，從這個角度來說，他的確為科學做出了不朽的貢獻。

## 日本教科書的一大半是錯誤的

在倫敦科學博物館四樓的熱量學角落，展示了決定熱功當量的水攪拌實驗裝置。在看到教科書上經常出現的這個舉世聞名的裝置時，每個人都會產生一種感動。但在親眼看到實物時，發現其複雜的內部構造與日本教科書上所畫的內容略有不同。在明治維新開始計算，這種錯誤已經超過了一百年，日本的大部分教科書上有關焦耳這項歷史性的實驗裝置的圖片都是錯誤的。

# 11 孟德爾

奧地利生物學家、神父

**成就**

發現遺傳法則

近代遺傳學的創始者。是第一位將遺傳基因的概念引進到生物學的人，並首次使用數學的統計處理手法處理實驗結果。藉由豌豆的交配實驗，發現豌豆特徵的遺傳具有法則性。闡述該法則的著名論文，在孟德爾死後，過了三十四年後才終於見到天日。

## 生平簡介

| | |
| --- | --- |
| 一八二二 | 生於海因徹多爾夫，為果樹園經營者之子 |
| 一八四一 | 進入歐洛毛克短期大學 |
| 一八四三 | 自歐洛毛克短期大學畢業。進入布諾的奧古斯丁聖托馬斯修道院當實習神父（21歲） |
| 一八四七 | 成為神父（25歲） |
| 一八五一 | 受到修道院長認同，進入維也納大學。修習物理學、數學和生物學（～一八五三年的三年間，29～31歲） |
| 一八五四 | 成為布諾職業學校的自然科學教師 |
| 一八五七 | 參加自然科學教師鑑定考試失敗後回到修道院。展開費時八年的豌豆交配實驗（35歲） |
| 一八六五 | 歸納實驗結果，在布諾自然科學協會的例會上二次發表（第一次是關於二遺傳基因型，第二次是關於四遺傳基因型） |
| 一八六六 | 在布諾的自然學會雜誌上發表〈植物雜種的研究〉（關於二遺傳基因型的內容，通常稱之為孟德爾論文） |
| 一八六八 | 獲選為聖托馬斯修道院院長（46歲） |
| 一八六九 | 發表第二篇論文（關於四遺傳基因型） |
| 一八七四 | 參加反對修道院徵稅的抗爭 |
| 一八八四 | 在布諾去世（享年61歲） |

# 1 證明達爾文的進化論

在瞭解格利高・約翰・孟德爾對遺傳學所做出的貢獻之前，首先必須瞭解一下當時的歷史背景。

當時，以自然選擇爲根本原理的達爾文進化論風靡一世。神秘主義的拉馬克（註：法國生物學家）所提倡的特徵遺傳的進化論與達爾文的進化論對抗。

達爾文的進化論要點，就是個體特徵的本質即使到了子孫代也不會改變，但會因爲自然選擇的結果，使擁有優秀特徵的個體的比例增加，進而具有支配性。

這裡所說的特徵，以人類而言，就是眼睛的顏色、頭髮的顏色；對長頸鹿來說，就是脖子的長度。

但達爾文的進化論有一個缺點。

達爾文認爲，自然導致的變種在交配的任何世代都會出現，自然選擇是使生物獲得最佳變種並淘汰劣等生物的機能。但自然選擇過程的速度十分緩慢，生物之間擅自交配時，變種的性質會產生混合，產生介於二者之間的性質，無法產生成爲選擇的對象。

但孟德爾花費八年的時間，從實驗結果中發現，任何世代都明確的出現了優、劣的特

徵，不會因爲自然選擇導致特徵混合而出現介於二者之間的特徵。

一八五九年發表了《物種起源》的達爾文，並不知道孟德爾在一八六六年發表的這篇著名的論文〈植物雜種的研究〉。達爾文在不瞭解已經有了關於進化論的實驗根據、不瞭解各世代的特徵可以用遺傳因子（當時並沒有用這個名稱）加以說明，認爲進化論只是一種假設的情況下，在一八八二年離開人世。

進化論的問題無法重新證明。在這種情況下，該如何證明達爾文的進化論？只要能夠發現遺傳因子的固定（正確的說，是優秀的特徵不會發生變化，確實傳給下一代），就可以加以證明。

只要能夠從遺傳因子的角度把握進化論的證據，就可以成爲進化論的證明者，一舉名揚天下。

〈植物雜種的研究〉的封面

喜愛學問、並不想一輩子從事神職的青年孟德爾，在修道院修行的同時，內心裡產生了這樣的野心。

達爾文雖然完全不知道在奧地利農村的孟德爾，但孟德爾卻是《物種起源》的忠實讀者，並在書上寫下了許多自己的意見。由此也可以看到有志

青年學者尋找研究課題的努力和能力。

## 2 選擇豌豆做為進化論的證明工具

孟德爾選擇了「豌豆」做爲證明達爾文的進化論的工具。

其實並不是非選豌豆不可，只不過在衆多可能符合孟德爾假設的生物中，他剛好選擇了豌豆而已。

豌豆在歐洲大量栽培，種子和植物體本身比較明顯的表現出優性的特徵和劣性的特徵。孟德爾可能是基於這個原因選擇了豌豆，但無法獲得證實。

不過有一點十分明確，就是孟德爾根本沒有想要對豌豆在生物學的角度進行仔細的研究。

他只是想運用自己優秀的數學能力和生物學知識，藉由實驗的方法來證明達爾文的進化論。

孟德爾其實最擅長的是數學，尤其機率、統計方面的能力十分優秀。

也就是說，他擁有其他生物學者無法比擬的數學能力，在生物學領域中大顯身手，並因此獲得成功。

當時的生物學者都著重於形態學和分類學，生物學者的工作只是記述現象而已，對現象背後自然原理的解釋毫無興趣。

當時的生物學家根本不會想到這種利用好幾代豌豆交配的數學方法，也就是當今分子生物學的實驗。

孟德爾認爲現在所說的遺傳因子是一種粒子，顯示優性的粒子爲A，顯示劣性的粒子爲a，這二種粒子是成對的（AA、Aa、aa）。生殖細胞中擁有其中的一種A或a，在受精後再度結合，形成一對（AA、Aa、aa）。

我們可以試著想像紅色蛋和白色蛋的組合問題，就變得十分容易理解。孟德爾根據這種想像，認爲優性、劣性特徵的遺傳方法一定具有規則性。

同時，他預料證據一定會在統計學上有所反應。

所以，他可以在八年的時間內，不厭其煩的進行了二百二十五次單高的交配實驗，獲得了一萬二千九百八十個雜種，並對此進行了龐大的統計處理。

八年的歲月剛好與居里夫婦從八噸晶質鈾礦成功提煉出鐳所花費的時間相同。孟德爾和居里夫婦都是堅持自己的目標，並朝著目標不懈努力的人。

除了孟德爾以外，諸如馬克士威（註：英國物理學家、數學家）的法拉第電磁現象、伽利略的自由落體、牛頓和高斯的恒星運動等，都是使用數學方法成功解釋了自然現象例

子。

## 3 選擇七大特徵的神手

孟德爾在豌豆的交配實驗中，以統計的方式調查了七項特徵在不同世代出現的方式。這裡所提到的七項特徵分別是成熟種子的形狀、子葉的顏色、種皮的顏色、成熟豆莢的形狀、未成熟豆莢的顏色、花的位置、莖的高度等。

**顯性法則（Law of dominance）**
對立的特徵之間存在著優種和劣種的關係，在異種組合中（Aa），會表現出優種的特徵。
**分離法則（Law of segregation）**
異種（Aa）個體交配時，下一代會產生特徵的分離，也會出現劣種的特徵（aa 時）。
**獨立法則（Law of independence）**
對於超過二個以上特徵的遺傳方式，如果決定這些特徵因子的染色體沒有發生連鎖現象，就會各自獨立組合，表現出各自的特徵。

孟德爾遺傳的三項法則

之所以會選擇這七項特徵，坊間有許多不同的看法。也就是說，對於爲什麼從衆多的特徵中選擇這七種特徵的原因並不十分明確。

的確，對於這個問題，並沒有充分的根據可以回答。

豌豆的主要品種中，可以有超過七千項特徵。其中這七項特徵不容易產生中間性質，可以明顯的表現出優種和劣種，是十分

適合交配實驗，爲數不多的特徵。

孟德爾是否經過了多次預備實驗，最後選擇了這七項特徵，還是只是思考過程中「靈感」的結果，對此不得而知。但碰巧找到這七項特徵的可能性相當高。

但絕對不能因此認定孟德爾的實驗是非科學的外行人的實驗。如果詳細檢查孟德爾的工作情況，一定可以找出許多缺點，也一定有許多非科學的粗糙的地方。

但能夠在紛亂的自然現象中找到眞理，無疑是天才的傑作。科學的眞理（法則）往往隱藏在雜亂的現象背後。能夠正確加以把握的審美觀，正是青年學者孟德爾能夠在歷史上留下不朽成就的才華。這種建立在數學能力基礎上的天才直覺，是生物學者所缺乏的。

## 4 狹小土地上的偉大發現

孟德爾所屬的布諾聖托馬斯修道院十分獎勵科學研究；對於家境貧困、對科學有著濃厚興趣的孟德爾來說，進入修道院是從事科學工作的捷徑。

他最擅長的是博物學、數學和物理學。

雖然在通過教師檢定考試後他當了一陣子老師，但之後他又回到了修道院。他之所以會投入神職，是因爲他的科學才華受到認同後，教會出錢讓他去維也納大學進修，因此，他覺得必須回報教會。

既然他無法離開教會，因此，只能在此範圍內工作。

事實上，孟德爾發現了「遺傳法則」這項世紀創舉的豌豆交配實驗，並不是在幾公頃的廣大土地上進行的；而是在孟德爾工作的布諾聖托馬斯修道院僅僅像庭院大的中庭中進行的。

這是教會建築中常見的中庭，狹小得幾乎無法想像曾經在此成就了歷史的偉業，面積只有九十坪（長十五公尺、寬二十公尺）而已。

整整八年期間，從三十五歲到四十三歲爲止，他都在此做著與神職完全無關的豌豆交配實驗。

當時，他獲得了院長納普的許可，才得以繼續實驗。但在四十六歲時，他被任命爲修道院長，也就無法再投入實驗工作。

就任修道院長的職務，是接受了教會出資前往維也納大學進修的優秀神父孟德爾早已既定的路線。孟德爾在認知到這樣的命運的同時，其實內心裡應該是很不願意接受這樣的任命。

花費在豌豆交配實驗上的八年時間內，孟德爾認識到將來自己再也不能投入自己熱愛的科學。在投入實驗的過程中，他感受到自己這樣的命運，認知到這是自己投入科學的「短暫」時光。

孟德爾把握了一輩子中不可能有第二次的短暫機會，以超人的努力和天才的靈感，在一塊小小的土地上，投入了人類至寶的分子遺傳學中。

## 5 完全沒人提問的發表現場

在一八六六年孟德爾發表具歷史意義的論文〈植物雜種的研究〉後，經過了三十四年，才被荷蘭的德．夫里厄斯（註：荷蘭植物學家、遺傳學家，以研究基因突變出名）、德國的科倫斯（註：德國植物學家）和奧地利的契瑪爾馬克三個人發現。

這三個人都想要證明能夠驗證達爾文進化論的遺傳法則性，而且，幾乎基於與孟德爾相同的想法，計畫了與孟德爾十分相似的實驗。

在實驗之前所進行的調查中，三個人分別在沒有名氣的地方學會雜誌《布諾自然學會雜誌》上看到了孟德爾的論文。

這三位年輕的學者在某個學會上偶然見了面，對分別都注意到這篇不出名的論文感到

十分驚訝，並確認了該論文的重要性，於是，孟德爾這篇富歷史意義的論文得以「重見天日」。

尤其是契瑪爾馬克發現——孟德爾也是奧地利人，但卻完全沒有出名。這事讓他感到非常驚訝。

其實，孟德爾分別在一八六六年和一八六九年寫了兩篇論文（前者是二遺傳基因型，後者是四遺傳基因型）。

在前一篇論文中，明確的闡述了遺傳的原理，內容也很戲劇化，歷史上所指的孟德爾論文通常都是指前者。德．夫里厄斯發現的也是這一篇論文。

孟德爾的職業並不是科學家，而是一位神父。並非接受過訓練的專業生物學家這一點也引起了這三位生物學家的好奇。

而且，孟德爾在「遙遙無期」的八年時間內，持續的進行豌豆的交配實驗，採集了當時根本無法想像的一萬二千九百八十個豌豆的雜種標本，以他們費解的統計處理方式，順利的引導出遺傳的法則。

這令他們深切的感受到，孟德爾是被歷史埋沒的巨人。

當他們得知自己想要做的工作在三十年以前就由孟德爾獨立完成時，決定放棄。

在德．夫里厄斯的那個時代，終於認同了將數理統計的手法運用在生物學上，隨著細胞學的進步，已經十分清楚的瞭解細胞內部的構造，已經形成了一個能夠認同孟德爾論文的學術環境。

但孟德爾寫完這篇論文後，當他在學會發表時，並沒有一個人提出任何問題，他的論文也完全受到了漠視。

由於學術界完全不重視他的論文，於是，他就抱著最後一絲希望，將論文寄給了與他稍有來往的、當時生物學界的權威內格里（註：瑞士植物學家）。但內格里看了他的論文後，並不欣賞他以數學方式加以記述，而且，也根本無法理解，所以就認爲並沒有價值，而將論文寄還給孟德爾。

遭到最後一絲希望的內格里的拒絕後，孟德爾對自己苦心研究的結果無法受到認同的學術界感到失望，說：

「總有一天，我的時代會來臨。」

當時的學術界之所以無視孟德爾，也是有一定的原因。因爲，在生物學家不會數學、數學家不懂生物學的情況下，根本沒有人能夠理解他提出的理論。

之後，孟德爾將研究方向改變爲昆蟲品種的改良和太陽黑子的研究。後半生身爲修道院長，因爲徵稅的壓力與政府抗爭，再也沒有機會從事像豌豆交配實驗一樣長期、正統的研究工作。

## 聖托馬斯修道院

在孟德爾所屬的布諾聖托馬斯修道院中庭，是遺傳法則的創始地，修道院至今仍然保留了這個富有歷史意義的地方。修道院本身成為「孟德爾博物館」，展示了有關孟德爾的資料以及說明遺傳法則的物品。也成為世界各地的生物學家、遺傳學家、科學史家造訪的聖地。

# ⑫ 瓦特

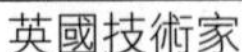

英國技術家

成就

蒸氣機的改良
引進功率單位（馬力）
發明複寫用墨水
發明蒸氣暖氣機等

改良了笨重、缺乏效率的傳統蒸氣機，開發了小型、高性能的瓦特蒸氣機。使原本只能用於礦坑抽水的蒸氣機成爲紡織工廠的重要動力源，奠定了產業革命的基礎。除了開發技術以外，身爲生產瓦特蒸氣機工廠的經營者，他也發揮了超人的實力。

## 生平簡介

| | |
| --- | --- |
| 一七三六 | 出生於蘇格蘭的格利諾鎮，父親是木匠，兼賣航海用具 |
| 一七五四 | 前往倫敦做機械工匠工作 |
| 一七五七 | 被錄用為格拉斯哥大學的科學裝置製造工人（21歲） |
| 一七六四 | 研究紐考門蒸氣機的改良（28歲） |
| 一七六五 | 想到將蒸氣機的汽缸和冷卻器分離 |
| 一七六七 | 成為蘇格蘭運河測量師（～一七七四） |
| 一七六九 | 發明瓦特蒸汽機，並做為紐考門蒸氣機的改良機種獲得專利（33歲） |
| 一七七五 | 與蒲爾頓在伯明罕近郊的蘇和建造了蒸氣機製造工廠（39歲） |
| 一七八〇 | 開發了藉由齒輪和調節器控制的蒸氣機自動速度調節裝置 |
| 一七八一 | 獲得回轉式齒輪裝置的專利 |
| 一七八二 | 獲得利用活塞來回力量的複動式蒸氣機的專利 |
| 一七八四 | 獲得速度自動調節器的離心調速器的專利 |
| 一八〇〇 | 結束與蒲爾頓的共同事業，退出經營第一線（64歲） |
| 一八一九 | 去世（享年83歲） |

# 1 蒸氣機的「改良者」

詹姆士·瓦特經常被認爲是蒸氣機的發明者，但嚴格說來，他並不是發明者。

翻開蒸氣機的開發史，可以發現，蒸氣機的創意是由法國的帕龐和英國的塞伯利想出來的，並由紐考門加以實用化。

瓦特則是將紐考門的蒸氣機加以改良，完成了高性能的小型蒸氣機。因此，瓦特雖然是高性能小型蒸氣機的發明者，卻只是蒸氣機的「改良者」而已。

爲什麼瓦特並不是「發明者」，卻被認爲是蒸氣機之父？這是因爲工學和理學的概念不同所致。

在理學上，也就是物理學和化學中，最先發明的人最受到肯定。但在工學上，並不一定是最先發明的人最獲得肯定。

例如，世界首次的超音速客機協和式客機只生產了十六架，就即將宣告落幕。無論飛得再快，如果噪音極大，燃料消耗是巨型噴氣客機的七倍，而且只能搭載一百人的話，當然不具備足夠的實用性。

因此，在工學上，即使將創意加以實用化，如果故障太多或是缺乏經濟性、不方便使

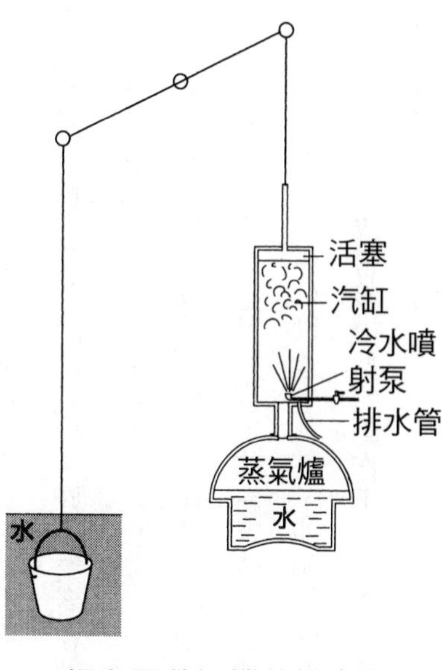

紐考門蒸氣機的概念圖

用，就不會受到肯定。

紐考門所設計的蒸氣機就是典型的例子。

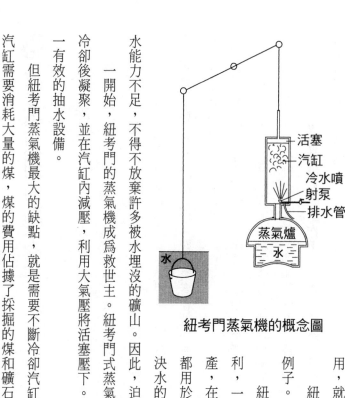

紐考門蒸氣機在一七〇五年獲得專利，一七一二年獲得改良，並付諸生產，在威爾斯等礦山地帶，連續五十年都用於抽取地下水。日本也是如此，解決水的問題就成爲礦山的宿命，由於抽水能力不足，不得不放棄許多被水埋沒的礦山。因此，迫切需要強而有力的排水方法。

一開始，紐考門的蒸氣機成爲救世主。紐考門式蒸氣機的原理是，將汽缸內的水蒸氣冷卻後凝聚，並在汽缸內減壓，利用大氣壓將活塞壓下。雖然很原始，但強而有力，是唯一有效的抽水設備。

但紐考門蒸氣機最大的缺點，就是需要不斷冷卻汽缸。因此，要再度加熱已經冷卻的汽缸需要消耗大量的煤，煤的費用佔據了採掘的煤和礦石營業額的百分之四十。

除了缺乏經濟效益以外，更因爲是無法從礦山地帶移動的定點動力設備（太過笨重），所以，大部分技術者都一致認爲「很傷腦筋」。

熱力設備不同於水力設備，應該可以在城市內推廣使用，但由於燃料太貴，因此，仍然只能運用於採礦使用。但瓦特成功的改良了紐考門蒸氣機。

## 2 散步中想到的點子

瓦特之所以會改良紐考門式蒸氣機，完全是出於一個偶然的機會。

當時，瓦特在格拉斯哥大學的附屬工廠做技工。該工廠專門製作、修理研究用的實驗器具和機械，如今許多大學和研究所都有這樣的附屬工廠。

有一天，和瓦特熟識的物理學（熱學專門）教授安德遜來找他，請他修理大學方面請模型業者製造的紐考門蒸氣機。好像業者在製作時搞錯了原理，所以，在一開始會稍微動一下，之後就完全無法動起來。

安德遜教授的拜訪，使瓦特與蒸氣機結下不解之緣。

教授帶來的模型是將巨大的紐考門蒸氣機以精密的方式加以縮小的模型，使用酒精噴燈做爲動力。雖然可以產生蒸氣，卻無法像眞的蒸氣機一樣動起來。

瓦特爲了改善該模型的動作不良，親自嘗試以精密的方式製成紐考門蒸氣機的縮小模型，也同樣無法轉動。

「不行，只是將大型改爲小型，熱力機構無法正常運作。」

在與安德遜教授討論的過程中，瓦特瞭解到並不是製作模型的方式有問題，而應該是與熱學原理有關的根本性的問題。

他們基於物理學的本質和工匠對技術的敏銳，瞭解到眞正的蒸氣機與模型在熱學構造上存在著差異。

小型的蒸氣機中，汽缸單位面積的排熱損失較少，因此，轉化成的運動能量也較少，熱效率有所降低。因此，只是簡單的將紐考門蒸氣機縮小後，會因爲熱效率的過度降低而無法運作。

「必須思考其他的方式，才能在小型化時，有效避免熱效率降低。」瓦特日夜思考這個問題。

當有溫度差時，熱量會從溫度高的地方轉移向溫度低的地方。在紐考門蒸氣機中，水蒸氣凝聚前的汽缸溫度與蒸氣爐溫度相同，但在冷卻凝聚後，就會出現溫度差，熱量就會流失。

瓦特一直思考是否能夠解決這個問題，但一直想不到什麼好的方法。

瓦特一直無法突破。一七六五年的某天下午，他在格拉斯哥市的凱爾賓格洛布公園散步。在散步中，偶然看到公園內水池的水被吸入排水溝的情景，突然恍然大悟——

「可以在汽缸外面將水蒸氣冷卻！」

他想到了不必在汽缸內直接將水蒸氣冷卻，可以用管子將汽缸內的水蒸氣吸到汽缸外面加以冷卻，就可以間接的使汽缸內保持眞空狀態。

這個想法大獲成功。

在多次製作模型試驗後，在汽缸外面接一個冷凝器（復水器），將汽缸內部的水蒸汽吸入冷凝器中，以水冷的方式減壓，減壓後的水蒸氣由冷凝器排出外部，結果，這種模型成功的動了起來。

由於不需要直接冷卻汽缸，所以，汽缸可以一直保持高溫。

於是，瓦特就完成了與紐考門蒸氣機相同馬力（5～10馬力）的小型高性能的瓦特蒸氣機。

同時，瓦特又創造了將新發明的瓦特蒸氣機的直線運動改爲回轉運動的方法，完成了至今仍然受到廣泛運用的曲軸裝置。

然而，一位曾經在瓦特手下工作、後來又自立門戶的弟子聽到了瓦特的構想，搶先一步獲得了專利。

於是，瓦特只能用苦肉計，爲幾乎具有相同功能的遊星齒輪裝置申請了專利，並運用在改變運動方式上（在曲軸裝置的專利結束後，立刻改用該裝置）。

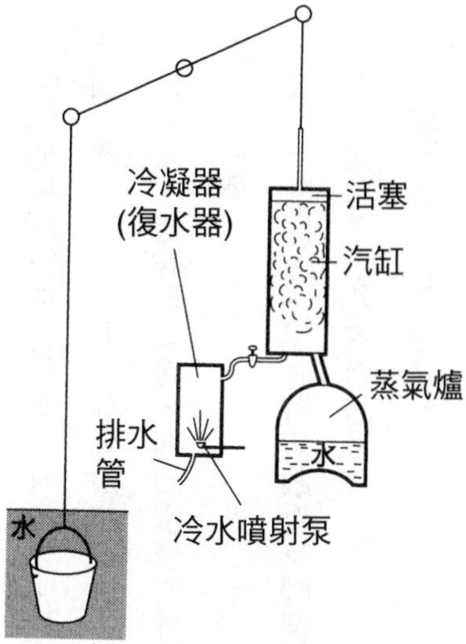

瓦特蒸汽機的概念圖

瓦特蒸氣機在自動速度調節裝置上也加以改進，使之成爲新的動力源，在紡織工廠中受到廣泛的應用。

在此以前約一百年，紡織工廠都使用源自一千年以上的動力——水車做爲動力來源。因此，紡織廠都建造在可以使用水車的山裡的河流旁邊，在確保土地、運到城市和港口的運輸以及勞力的確保方面都存在著問題。瓦特蒸氣機的出現，紡織廠得以在城市中出現。

瓦特蒸氣機立刻取代了紐考門蒸氣機和水車；在一八〇〇年以前，英國全國已經安裝了超過五百台的瓦特蒸氣機。

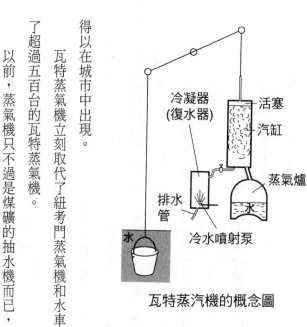

以前，蒸氣機只不過是煤礦的抽水機而已，瓦特卻將之改良成萬能的動力源，成爲推動產業革命的原動力。

## 3 將水壺密閉而爆炸的孩提時代

瓦特出生在蘇格蘭的造船都市格利諾，他父親是木匠，並兼賣航海用具。瓦特年輕時，研究心十分旺盛，凡事都要親自確認才放心。

以下是有關瓦特的幾則故事。

瓦特在小時候就注意到水蒸氣的力量（沸騰水的力量與大氣壓相同）。將水加熱，就會變成熱水，水燒開時的水蒸氣的力量可以將當時沉重的陶製水壺的蓋子頂起。

他想要瞭解這種力量到底有多大。於是，他就將火爐上的水壺孔塞住，並用繩子綁住蓋子加以密封，是一個十分危險的實驗。

點火後，隨著水煮沸，陶製水壺的縫隙中會強烈噴出「沒有去路」的水蒸氣，並逐漸發出奇怪的聲音。

在下一瞬間，少年瓦特親眼看見陶製水壺粉身碎骨，並發出巨響。母親在充滿蒸氣的房間內，找到了呆若木雞的瓦特。

「你到底在幹什麼？」

「我只是實驗一下蒸氣的力量有多少。」

母親十分理解少年瓦特這種積極的好奇心，所以並沒有加以斥責。她也是偉人背後不可或缺的偉大母親。如果當時她痛斥瓦特，警告他不可以再做這種危險動作時，或許，瓦特就無法完成蒸氣機的改良。

但瓦特因爲被高速四射的陶瓷碎片打中而受傷。

## 4 不會聽命行事的工匠

十八歲時，由於父親失業，瓦特前往倫敦，進入工廠做寄宿的學徒，學會了機械工匠必需的技術後，又回到故鄉附近的格拉斯哥，當上機械工。

在正常情況下，應該學徒三年，但由於瓦特一年就學完所有的手藝，反而成爲不利條件，無法成爲高收入的機械技工，所以，他只好進入格拉斯哥大學的附設工廠工作。在這裡，他遇到了安德遜，終於成功的完成了蒸氣機。

大學的附設工廠比一般工廠的薪水更低，工匠的水準也比較低。在此工作的技工只要按教授指示的圖製作實驗道具和機械。也就是說，只要乖乖聽命即可。

但充滿研究心的瓦特，身爲技工，卻很努力的學習；除了與安德遜以外，還經常和在熱量學方面十分有名的布拉克教授等討論。

一般的技工只是按教授的指示製作道具。但瓦特都會在理解原理的後才開始製作，而且他做出的道具都是最棒的。

因此，當瓦特基於自己的經驗認爲無法苟同該項原理時，他就不會按照指示「照章辦事」。

在一開始時，教授們對這個頑固、自以爲是的技工很惱火，但不久就對瓦特的實力和見識肅然起敬，並接受他的意見，對裝置加以改良。即使在現代社會，也很難找到這樣的技工。

因此，瓦特在不知不覺中成爲教授們眼中有能力的得力實驗助手，在學校內十分受到重用。

當時的格拉斯哥大學是英國北部的新興大學，正努力提升成爲名門大學。在瓦特之後，開爾文的物理學、蘭金（註：英國土木工程學家、物理學家）的工學使格拉斯哥大學聞名全英國，布拉克正是開爾文的前任教授。著有《國富論》的亞當・史密斯也在該大學授課。

在高程度的學術環境中，瓦特成爲具有發言權的與衆不同的技工，得以和這些著名教授交流，進而獲得迅速的成長。

瓦特的例子與法拉第十分相像，法拉第當初也是被當作實驗助手錄用，但靠自己的努力和才華成爲英國一流的科學家，超越了他的老師戴維。

瓦特在一七六七年辭去了熟悉的格拉斯哥大學附屬工廠的工作，擔任運河測量士的工作，在一七七五年，與伯明罕的工廠廠長蒲爾頓聯手創建了蒲爾頓─瓦特商會。並在一八〇〇年以前，大量生產瓦特的蒸氣機，之後，就退出了經營的第一線。

## 5 迫害天才技術家特萊比席克

瓦特隨著蒸氣機的改良和普及而功成名就，但不久，就有年輕人超越他。

那是威爾斯礦山機械技師的兒子──特萊比席克。

特萊比席克的父親由於工作的關係，十分瞭解瓦特蒸氣機的特徵和用於抽水時的界限。於是，特萊比席克像當年的瓦特一樣，努力思考改良方法。

特萊比席克想要使用高壓蒸氣製作蒸氣機的構想令瓦特內心十分恐懼。

瓦特使用的是相當於大氣壓的一氣壓的蒸氣。在當時，蒸氣爐、汽缸和填料的強度只能承受這樣的壓力。而且，每年還會發生超過一千件的蒸氣爐爆炸事件。

因此，瓦特將汽缸和裝置大型化，以增加馬力。

瓦特並不是沒有想到要使用高壓蒸氣。但他所製作的裝置只能承受一氣壓的強度，想要使用高壓蒸氣時，必須重新製作完全不同的體系。面臨這種情況下，瓦特採取了保守的

態度。

結果，瓦特始終沒有超越紐考門的一氣壓的大氣壓裝置的範圍。

但當時的時代需要更加高性能、高馬力、小型輕便的蒸氣機。

特萊比希克從一開始就思考能夠使用高壓蒸氣的蒸氣機。

他使產生的蒸氣回流，再度加熱，也就是如今所說的複合管原理，成功的獲得了數氣壓的高壓蒸氣。

他所使用的蒸氣爐和管道系統比瓦特式堅固、厚實，可以承受如此的高壓。當時的冶金和製鋼技術已經相當進步。

特萊比希克蒸氣機的汽缸和裝置整體的大小是同馬力的瓦特蒸氣機的五分之一。

特萊比希克將這種小型高馬力的高壓蒸氣機裝在車上，在一八〇一年，獲得了「帕帕惡魔」的暱稱，首次成功的使蒸氣汽車在路上行走。

之後，在一八〇四年，成功研發了蒸氣火車。由齒輪將驅動力傳達給動輪，枕木爲石材，爲了防止脫離軌道，截面完全呈L字型，平坦的車輪在上面行走。時速爲八公里。

蒸氣火車經由許多人的改良，終於在一八二五年，史帝文生的「旅行（Locomotion）號」成爲第一輛實用號。

當然，除了蒸氣汽車和蒸氣火車以外，特萊比希克的高性能小型蒸氣機也做爲定點動

力受到重視。

在特萊比希克獲得這些成就以前，瓦特就發現了他的才華。同時，也十分嫉妒他的才華。

於是，他開始用惡劣的手段對付特萊比希克。

首先，他控告特萊比希克侵犯了他的專利，並派蒲爾頓—瓦特商會的人跟踪特萊比希克，不時的寄發一些寫著「要殺死你」的惡作劇的信，甚至雇人直接打特萊比希克。

不久，特萊比希克的精神受到了很大的打擊，遂於一八一四年逃離了英國，前往南美。

一開始，他在秘魯和尼加拉瓜擔任礦山機械顧問，但後來因爲這些國家捲入了與西班牙的戰爭，使他宣告破產。

以蒸氣機火車出名的喬治・史帝文生的長子——橋樑技師羅伯特・史帝文生前往南美援助當地的鐵道技術，在一八二七年造訪尼加拉瓜的依斯瑪斯時，發現了形同乞丐的特萊比希克，感到十分同情，就給了他歸國的旅費；特萊比希克終於得以回到英國。

但之後，特萊比希克並沒有任何像樣的成績，一八三二年，六十一歲時，在貧困中死去。

一八二九年，史帝文生在著名的萊茵希爾競爭中大獲勝利，英國迎接了鐵路時代，該蒸氣機火車的原始發明者特萊比希克卻無法因此而功成名就，在四年後默默的離開人世。

像瓦特這種憑自己的實力打造天下的實力者，在對待競爭者時，就會像抹殺特萊比希克那樣毫不留情，陰險之至。他們不會輕易的爲後輩讓路。

從紐考門、瓦特和特萊比希克的身上可以發現，舊技術無法阻礙新技術的發展，舊技術會逐漸腐朽，破壞舊技術的新技術將建立一個新的時代。這是在技術歷史上十分嚴酷的眞理。

近代文明是靠技術爭天下，不斷被下一個技術國家凌駕。義大利、英國、德國、美國、日本，世界的技術中心國家依次展現繁榮的景象。

從上一個繁榮國家引進技術，由於是發展中國家，可以憑藉廉價的勞動力取得技術競爭的勝利，擊潰前者的繁榮國家，總有一天，也會因爲不斷增加的人事費用而被下一個技術國家擊潰，上演著十分激烈的繁榮交替戲碼。

特萊比希克的高壓蒸氣機的出現，宣告了瓦特時代的結束。

這時候，瓦特已經看開了，沒有仇恨、埋怨任何人，接受了技術文明的宿命。

老年以後，瓦特對與技術無關的文學產生了興趣，恢復了原有的溫和，度過了一個豐富的晚年。

★漏網故事

## 倫敦科學博物館內的功臣

在倫敦科學博物館的一角，陳列著巨大的紐考門蒸氣機。旁邊是輕巧的改良型瓦特蒸氣機，令人不難瞭解到瓦特蒸氣機立刻獨霸市場的理由。也有以動態方式保存的瓦特蒸氣機，其輕快、雄偉的動作令觀光客十分感動。從其動作的狀態，不難瞭解到瓦特蒸氣機在設計上的確十分高明，也能夠適用於當今的時代。還陳列著特萊比希克蒸氣機的標本，以及重現了瓦特的工作地方。

## 馬力的定義

瓦特定義了馬力的概念。他為了表示蒸氣機的性能，測量了動力，並以馬的工作效率來表達。在製作某種測定器後，測定一匹馬每秒從事五百五十磅的工作，並以此為一馬力。以相同的測定器測量各機械的動力，並以馬力表示。以現在的單位來說，一馬力相當於〇・七五瓦特。

為什麼當初不使用「牛」，而要用馬呢?因為，當時蒸氣機想要取代的動力源就是馬。這也是瓦特經營戰略之妙。

# 13 巴斯特

法國化學家、微生物學家

成就

否定了微生物的自然發生論
發明狂犬病疫苗
證明了乳酸菌導致乳酸發酵，酵母導致了酒精的發酵
發現光學異構物等

使用天鵝頸燒瓶實驗否定了微生物的自然發生論。成功的證明了發酵原因並不是以前所認爲的神秘主義，而是具有科學的因果關係。從此以後，從病原菌的角度尋找疾病原因的細菌學得以迅速發展，使近代醫學得以誕生。同時，也在製造狂犬病疫苗等利用抗原抗體反應的疫苗療法中獲得了巨大的成功。

## 生平簡介

一八二二　出生於法國靠瑞士國境裘拉山地多耳，父親是製革藝人

一八三八　搬往巴黎（16歲）

一八四三　進入高等師範學校（21歲）

一八四五　從高等師範學校畢業（23歲）

一八四八　以論文〈分子構造的不對稱研究〉獲得英國皇家學會拉姆福德勳章。擔任迪群大學物理學教授（26歲）

一八四九　斯特拉司堡大學理學系教授（27歲）

一八五四　里耳大學、里耳理科大學教授（32歲）

一八五六　開發防止葡萄酒腐敗的加熱殺菌法

一八五七　擔任高等師範學校副主席（35歲）

一八六〇　用天鵝頸燒瓶實驗否定了微生物的自然發生論

一八六三　研究葡萄酒的發酵，發現了葡萄酒腐敗菌

一八六五　研究蠶的疾病，開發了疾病蠶的燒卻法

一八六八　因腦溢血病倒，半身不遂（46歲）

一八七七　發現炭疽熱、雞霍亂的病原菌

一八八〇　開發預防接種法

一八八一　成為法國學士院會員（59歲）

一八八五　成功接種狂犬病疫苗

一八八八　國立巴斯特研究所所長（66歲）

一八九五　去世（享年72歲）

# 1 天鵝頸燒瓶實驗是為了示範

在十七世紀，義大利的雷迪的實驗已經否定了蒼蠅等高等生物的自然發生。他用裝有肉的容器用布蓋起後就無法產生蛆的實驗，證明了需要蒼蠅產卵才能夠產生蛆。

但在此之後，關於「微生物」是否能夠自然發生產生了爭議。路易・巴斯特（巴斯德）的天鵝頸燒瓶實驗終於爲這場爭論畫上了休止符。那是發生在一八六〇年的事。

巴斯特所進行的是如下頁圖例的實驗。

第一個是在天鵝頸燒瓶中加入肉湯，第二個是略短的天鵝頸燒瓶，第三個是普通的燒瓶。

第三個燒瓶中的肉汁立刻產生腐敗，產生了微生物。第二個燒瓶在一星期左右開始腐敗。第一個燒瓶在兩週後仍然沒有腐敗現象，但在天鵝瓶頸的部分加入水後，就開始腐敗。最後，將多個天鵝頸燒瓶的天鵝頸部分剪斷後，立刻出現腐敗現象。

從這一連串的比較中可以發現，微生物產生的原因在於，飄浮在空氣中的「微生物孢子」掉入肉湯後引起了腐敗。巴斯特假設的「微生物孢子」就是現在所說的細菌。

但可能很少有人知道，這個否定微生物的自然發生、並徹底埋葬了生物自然發生說的天鵝頸燒瓶實驗，其實只是示範實驗而已。

事實上，巴斯特以前已經做過多次預備實驗，已經得知了可以完全否定自然發生說的實驗結果。

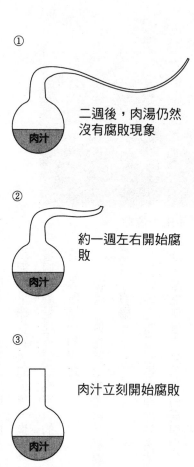

①

二週後，肉湯仍然沒有腐敗現象

肉汁

②

約一週左右開始腐敗

肉汁

③

肉汁立刻開始腐敗

肉汁

天鵝頸燒瓶實驗（概念圖）

巴斯德實際使用的燒瓶

巴斯特事先將灰塵放入肉湯中，發現了霉菌和細菌呈株狀繁殖的現象，也就是廷德爾實驗。這個實驗是廷德爾認為空氣的灰塵中存在著生物的元素所進行的實驗。

接著，他在努力避免肉湯接觸空氣的情況下進行了實驗。

將裝有肉湯的燒瓶頸加熱後拉長並彎曲。於是，雖然無法完全隔絕肉湯與空氣的接觸，但空氣中的灰塵卻會卡在彎曲的燒瓶頸中，無法落入肉湯中。

結果，果然不出所料，肉湯沒有腐敗。

但將細細彎曲的燒瓶頸從根部剪斷後，就會立刻出現腐敗現象。

巴斯特事先多次進行實驗，獲得了十分有把握的結果。在事先確認結果的基礎上，為了說服眾人，才進行了具有演示效果的天鵝頸燒瓶實

驗。

巴斯特的示範實驗大獲成功。

他在法國科學界的中心人物、也是他在高等師範學校時代的師長仲馬及其調查委員的面前，完美的完成準備周到的每一個實驗以及說明，完全否定了自然發生說，獲得了衆人的認同。

恩師仲馬對弟子漂亮的演示給予了最大的稱讚。

之後，巴斯特無論在說服科學界或一般民衆時，都貫徹了這種「一百個說明不如一個明瞭的示範實驗」的精神。

之後，歐洲的大學教育中，都實施了有實驗助手協助的「大演講」。

## 2 不是從生物學，而是從化學角度詮釋

以現代的角度來看，這個天鵝頸燒瓶的實驗實在是簡單之至。但爲什麼當時沒有人想到這樣的實驗？

站在後世的角度回顧當初，的確是一個簡單的實驗。但以一八六〇年的學問的程度，卻並不是那麼容易想到並付諸實施的實驗。

因爲，當時的醫學、生物學充滿令人訝異的「魔術性」。無論是科學家還是一般民衆都受到神秘主義的支配。至今，在某些地區，當人生病時，仍然會使用驅邪的方法「治病」。

當時，人們相信蚊子會自己從水裡冒出來，有科學家發表老鼠是從小麥產生的。甚至有人主張人類是植物合成而來的。

而且，當時的科學界蔓延著「自然發生說」，成爲一種「權威」。對此有質疑的研究人員甚至因此受到制裁。

在某種意義上，巴斯特的天鵝頸燒瓶實驗是一項十分「危險的」實驗。

但巴斯特爲什麼能夠如此充滿自信的否定自然發生說？

這是因爲他原本並不是生物學家，而是十分瞭解物質反應的化學家；在物理學方面，也是十分富有邏輯的人物。

在化學中，結果的產生必然有其原因，絕對不可能有自然發生的情況發生。在化學方程式中，只有當左邊（原因、原料）存在時，才可能有右邊（結果、合成物）。

巴斯特在天鵝頸燒瓶實驗前的一八五六年，擔任里耳大學教授時，曾經因爲當地產業界的要求，投入解決葡萄酒腐敗（酸敗）的問題。

這項研究是爲了找出導致葡萄酒腐敗（酸敗）的原因，並建立對策。他因此發現了乳

酸酵母的存在，並確定是這種菌導致了腐敗產生的因果關係。

他利用引起腐敗的乳酸酵母不耐加熱的弱點建立了對策，開發了消滅乳酸酵母的低溫殺菌法，拯救了當地的企業。這種低溫殺菌法是在攝氏50度加熱1分鐘，這種巴斯特法至今仍然使用。

在研究乳酸酵母之前，曾經注意到糖變質爲酒精過程中，一定有某種原因，結果，成功的發現了酵母菌（酒精生成酵母）。在研究葡萄酒腐敗原因時，也推論是某種菌的作用，成功的發現了乳酸酵母。

他從實際的化學（發酵學）研究中，確立了凡事必然有因果關係的普遍自然觀，認爲微生物的產生也一定有原因。

正因爲如此，他才用實驗證明了肉湯腐敗的原因是空氣中的腐敗細菌，徹底打破了自古以來的生物自然發生說。

## 3 在不瞭解致病原因的情況下，研發了狂犬病疫苗

巴斯特發明了狂犬病疫苗而聞名全球。

狂犬病是狂犬病病毒導致的人畜共通的傳染病，發病時，會入侵中樞神經，幾乎會百

分之百死亡的可怕疾病。被狂犬病犬咬到時，就會被傳染狂犬病。

當時，人們認爲被狗咬了以後，災難便降臨，身體的內部會發生變化，也就是生命體發生變質。這是另一種生物的自然發生說，典型的神秘主義病理說。

巴斯特之所以厲害，是因爲他能夠在十九世紀後半，以當時還缺乏觀察狂犬病原因病毒的手段情況下，在還不知道「兇手」，也就是在病原體尚未確定的情況下，就製造了狂犬病的疫苗（一直到一九三二年，由德國的克諾爾和盧斯卡發明電子顯微鏡後，才能觀察病毒）。

衆所周知，疫苗是利用生物體的抗原抗體反應（免疫反應）預防、治療疾病。例如，事先接種毒性較弱或是非活性化的細菌和病毒做爲抗原，使體內產生對抗這種細菌和病毒的特定抗體，當眞的細菌和病毒入侵時，就可以擊破。

在巴斯特之前的半個世紀，金納接種牛痘確立了疫苗的免疫療法。巴斯特確信這種免疫療法適用於所有的一般病原體。

他認爲，小兒痲痺症、感冒、黃熱病等還不瞭解病原體的疾病，都一定存在著病原體，也一定可以製造疫苗。

而且，他眞的成功的製造出狂犬病的疫苗。

他所製造的狂犬病疫苗是從感染狂犬病的病患身上採取未知的病原體，植入兔子的脊髓，並加以乾燥而成。狂犬病疫苗比狂犬病毒的毒性弱，在被狂犬咬後的潛伏期內，只要注射疫苗，體內就可以產生抗體，消滅狂犬病病毒。

金納的種痘法（一七九六年）是使用不同種類的病原體的方法（利用牛痘病毒的抗體消滅人痘病毒），但巴斯特是使用將病毒稀釋後接種，強制人體製造抗體，消滅入侵病毒的方法。

接種狂犬病疫苗的病患奇蹟式的恢復健康，巴斯特成爲當時的救世主。

巴斯特藉由狂犬病疫苗等各項醫學研究，確立了「疾病一定有原因」的科學思考方式。社會終於得以告別源自於中世紀的神秘主義。

但野口英世卻感染了肉眼無法看到的黃熱病病毒。而巴斯特卻製造了肉眼無法看到的狂犬病疫苗。

二者的差異到底在哪裡？

野口太執著於光學顯微鏡，直到最後都相信這是發現病原體的唯一研究方法。但巴斯特將重點放在凡事有結果就必定有其原因存在的因果關係上。他確信無論是否能夠發現病原體，治療手法都不會改變。所以，他製造了狂犬病疫苗，確立了病毒的免疫學。

由此可以發現西方科學和東方科學研究手法的差異。從某種意義來說，科學的方法和思考方法比個別的事實更加重要。同樣站在病毒學的免疫療法的入口，是否具備這種科學

哲學，決定了野口因爲無法發現病原體而失敗，也同樣決定了巴斯特在沒有發現病原體的情況下，也可以獲得成功。

如今的科學研究和科學教育都過度注重事實，缺乏最重要的科學思考方法和科學哲學，結果付出了相當的勞力，卻無法獲得相應的成果。從野口和巴斯特的對比中，可以讓我們學到許多歷史教訓。

## 4 萬事通和半身不遂

巴斯特大學畢業後，第一份工作是在位於法國偏遠地區的迪群大學。他在該大學擔任物理學教授。

在化學和醫學領域有多項成就的巴斯特，他的學者人生起點是物理學教授，或許許多人會感到意外；事實上，當時的物理學並不是現在的理論物理學，而是類似一般科學的物理學。

巴斯特就讀的是高等師範大學的化學科，專業是「自然科學概論」。

高等師範大學是培養中學、高中以及大學一般養成課程師資的大學，相當於東京大學教養系和教育系結合在一起的超難的學校。法國的許多評論家和文壇的高材生薩特（註：

法國哲學家、作家、評論家，一九六四年諾貝爾獎文學獎得主，但他拒絕領獎）、梅洛·龐笛（註：法國哲學家）和包法爾（註：現代法國女作家、思想家）都是這裡的畢業生。巴斯特在高等師範大學學習了廣泛的教育養成，爲確立科學哲學的研究手法打好了基礎，而沒有流於一個專業白癡。

巴斯特在迪群大學之後，相繼在斯特拉司堡大學、里耳大學、里耳理科大學等大學擔任教職，大部分都是物理學或博物學的教授。

在當地的大學擔任教職時，當地的老闆經常會上門向他請教。熱心的巴斯特認爲在大學學習和教授的理論必須是能夠運用在實際生活中的「實學」，基於這樣的信念，他積極爲當地人解決問題。

基於法國的國土情況，向他請教的都是有關農業方面的問題，其中，以葡萄酒大量酸腐問題和蠶的疾病的問題。在順利解決這些問題的同時，也使他有了重大的發現。巴斯特的許多成就都是源自這種「百事通協助」獲得的。

巴斯特終身貫徹的實學主義使他創造了多項實用的成就，成爲日後柯霍（註：德國細菌病理學家，一九〇五年諾貝爾生理學和醫學獎得主）創始的病理學、免疫學的先驅者，贏得了國民極大的尊敬。

巴斯特贏得尊敬還有一個理由。

巴斯特在一八六八年，四十六歲時因為腦溢血而病倒，從此半身不遂。想必是因為平時的研究工作太辛苦所致。

但他對研究的熱情卻並沒有因此減退。在半身不遂後，他仍然發現了炭疽病原菌、鷄霍亂病原菌以及確立了家畜的預防接種法，不斷獲得成就。

著名的狂犬病疫苗也是在半身不遂後的六十三歲時完成的。

晚年時，設立了以他的名字為名的巴斯特研究所，在落成典禮上，他所說的話十分有名——「科學沒有國界，但科學家卻有自己的祖國。」

## 5 擅長繪畫的少年

沒有任何資料顯示巴斯特自幼就是個才氣煥發的天才少年。他從小生活在靠近瑞士國境的鄉村城鎮多耳，絲毫沒有任何天才的「跡象」。

但所謂「偉人的背後一定有一位偉大的母親或父親」，他的父親很好學，母親是個溫柔的女人。

父親是個手工製革藝人，在拿破崙時代是個驕傲的士兵，即使年老以後，仍然堅持學習，為少年巴斯特樹立了良好的典範；即使在巴斯特成為一位優秀的研究者後，他父親也

能夠看懂巴斯特的學術性信件。

巴斯特的母親很勤勞、很溫柔，巴斯特好學和樂於助人同時獲得了學術上的成果和世間的好評，巴斯特的這種性格和努力受到了父母很大的影響。

少年時代巴斯特的唯一才華，就是繪畫。其中，最擅長的是速描。

他很喜歡畫靜物、風景和人物。

從以下的故事中可以瞭解巴斯特的速描能力多麼優秀。

他很喜歡母親，經常畫母親，他爲母親畫的速描和眞人十分相像。有一次，她和別人第一次約見面，當對方拿著巴斯特所畫的速描時，立刻從人群中找到了她。

物理學和化學方面的獨創能力與藝術才華是否有一定的關係，需要詳細的統計調查才能找出答案。但許多著名的科學家在繪畫和音樂方面都有出色的才華。

湯川秀樹很擅長唱歌（演歌），書法是專業級。愛因斯坦的小提琴絕對夠專業水準。

相反的，許多音樂家具有數學的學位。瑞士羅曼德管弦樂團的安澤爾梅特曾經是一位數學家。發現苯環六角構造的凱庫勒（註：德國有機化學家）在大學的專業是建築學。身爲化學家，他有著超群的寫生能力，或許這也是他能夠想出苯環的原因所在。

因此，美的、藝術方面的能力似乎與科學家等一輩子從事獨創性工作的知性能力有一定的關係。

巴斯特的繪畫才華應該與他擅長的、靠示範實驗一決勝負的印象主義有一定的關係，同時，他所喜愛的繪畫也培養了他具有超群的直覺能力，並成爲他仔細觀察對象的能力的基礎。

## ★漏網故事

### 自我了斷的老管理員

在納粹德國佔領巴黎的一九四〇年，巴斯特研究所的一位老管理員自我了斷。當納粹強迫他打開巴斯特的墓時，這位以死做出無言抗議的六十五歲的老管理員，其實是五十五年前，第一位靠巴斯特狂犬病疫苗接種而撿回一條命的約瑟夫少年。

### 與狂犬搏鬥的少年

在巴斯特研究所的庭院中，有一座少年與狂犬搏鬥的銅像。這位少年的原形是繼約瑟夫後，第二位接種狂犬病疫苗成功的少年裘皮由。

# 14 萊特兄弟

美國技術家、發明家

左為哥哥

**成就**

發明動力飛機

萊特兄弟的兄長韋爾伯比弟弟奧維爾大四歲，兩個人共同經營製造、銷售腳踏車業，對航空有極大的興趣，以滑翔機爲基礎，著手開發動力飛機。一九〇三年十二月十七日，在北卡羅萊納州的奇帝豪克，「Flyer 一號機」獲得成功，這也是人類首次的有人動力飛行。飛行距離爲三十六公尺。

## 生平簡介

| | |
|---|---|
| 一八六七 | 哥哥韋爾伯出生在印第安那州的新堡 |
| 一八七一 | 弟弟奧維爾出生在俄亥俄州的迪頓市 |
| 一八九二 | 高中畢業後，兄弟二人經營腳踏車店 |
| 一八九九 | 從史密索尼安研究所的朗格雷手上獲得有關飛機的文獻，開始研究 |
| 一九〇一 | 世界首次的風洞實驗 |
| 一九〇三 | 十二月十七日，在奇帝豪克海岸完成人類首度的動力飛行（36公尺）（韋爾伯36歲，奧維爾32歲） |
| 一九〇五 | 二號機成功的飛行了39公里 |
| 一九〇七 | 美國陸軍採用了萊特機專利 |
| 一九〇八 | 哥哥前往法國進行公開飛行旅行。以萊特A型成功飛行二小時二十分鐘（145公里） |
| 一九〇九 | 兄弟二人共同設立了美國萊特飛機製造公司，與美國陸軍簽定製造契約。在紐約上空盤旋飛行。美國政府將萊特機的專利賣給了法國政府。在同年獲得法國科學學士院的金獎獎章 |
| 一九一二 | 哥哥韋爾伯去世（享年45歲） |
| 一九一七 | 弟弟奧維爾獲得英國皇家技術協會的阿爾伯特勳章 |
| 一九一八 | 設立萊特航空研究所 |
| 一九四八 | 弟弟奧維爾去世（享年76歲） |

# 1 光將模型擴大，無法使飛機飛起來

第一位想到動力飛機的並不是萊特兄弟韋爾伯和奧維爾，而是史密索尼安研究所的朗格雷。

朗格雷是技術家、建築家和天文學家，是一位多方位的學者，在各地的大學擔任天文學教授，最後，成為史密索尼安研究所的教授，以成為第一位動力飛機開發者為目標。

朗格雷是理論家，製作了前後各有一片主翼的奇怪飛機模型，他相信只要將這個模型擴大，並裝上動力，就可以獲得成功。

的確，橡膠動力的模型可以在空中飛很久，最長曾經在空中飛了兩個小時。

一九○三年，在萊特兄弟首飛成功的九天前，朗格雷在波特馬克河畔舉行了動力機「Aerodrome 號」的試驗飛行。

他在將模型放大後做成的機體上，裝以用小型蒸氣機轉動的螺旋槳後，從設在波特馬克河畔的跑道上開始起飛，結果卻慘不忍睹。就好像在現在的琵琶湖舉行的鳥人大賽中經常可以看到的、典型的「立刻落地」。

以模型的比例製成機體的機翼強度相對較弱，做為動力裝置的蒸氣機也太沉重了。在起飛的同時，前翼就折斷了，幾乎沒有在空中滑行，就立刻掉入河中。

朗格雷受到了嘲笑，並被衆人指責浪費了納稅人高額的稅金。

在材料的承受力問題上，從伽利略時代，就已經有了立方法則。也就是說，當物體的尺寸放大時，爲了保持相同的承受力，著力部分的尺寸必須是體積值（尺寸的立方）。

朗格雷雖然瞭解這項立方法則，但由於缺乏有關滑翔機的經驗，不瞭解實物的著力點到底在哪裡，因此製造了一個沒有重心、整體沉重但最關鍵的部分卻很脆弱的機體。

萊特兄弟成功的要因，在於並不是從模型飛機出發，而是以實際的滑翔機做爲出發點。

在一八九○年代，在歐洲各地舉行由職業的滑翔師搭乘的滑翔機滑行競賽，其中，最傑出的就是德國的利林塔爾（註：德國航空工程師）。

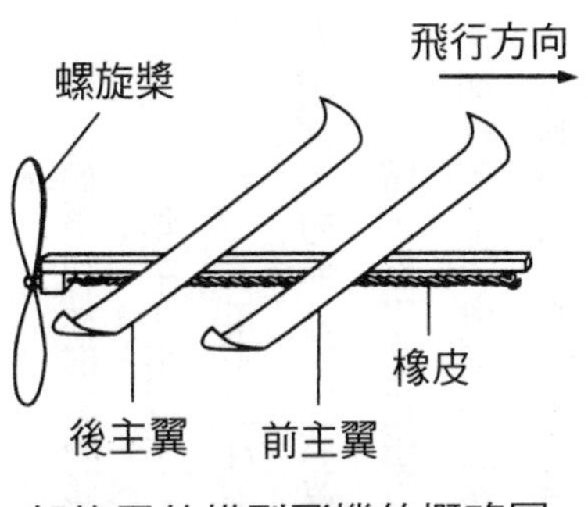

朗格雷的模型飛機的概略圖

他自一八九○年開始的六年期間，已經飛行了兩千次，最高曾經飛行二百五十公尺。他將其經過和結果歸納在《飛行術基礎的鳥的飛翔》一書中加以出版。

一八九六年，利林塔爾在沒有防禦框的新型機試驗中墜機身亡，萊特兄弟看了這本書後大受感動。在分析了利林塔爾的失敗後，決定要製造靠動力飛行的飛機做爲生涯目標。

決定要實現自李奧納多·達文西以來的人類想要飛向天空的

夢想。

他們將利林塔爾的滑翔機改良成複葉滑翔機，增加了滑空技術的水準。一九〇〇年至一九〇二年中，飛行了一千次。

一九〇三年十二月十七日，萊特兄弟首次動力飛機的試飛終於獲得成功。這次的成功有相當大的部分取決於弟弟奧維爾卓越的操作技術。

當時，除了朗格雷以外，麥克西姆（機關槍發明者）也投入了動力飛機的研究，但他們卻根本不將滑翔機放在眼裡。

動力飛行的成功需要研究如何在不安定的大氣中保持安定，以及停留在空中的力量的問題，但他們首先思考動力的問題，然後裝在全憑想像（沒有實際飛過）出的機體上。他們造出的飛機當然不可能飛起來。

即使現在，想要設計一個穩定的滑翔機比設計動力機更困難。動力機可以藉由動力使飛機浮起，但滑翔機只能靠平衡飛行。只要能夠做出滑翔機，再裝上引擎就可以飛起來。

事實證明，萊特兄弟從滑翔機著手製造動力飛機的方向完全正確。

## 2 腳踏車飛向空中！

1903 年 12 月 17 日，在首次飛行中獲得成功的萊特兄弟

命運的一九〇三年十二月十七日上午十點，弟弟乘坐的「Flyer 一號機」在北卡羅萊納州奇帝豪克海岸飛起，時間爲十二秒，距離也只有短短的三十六公尺。但卻是人類首次動力飛行成功的瞬間。

「Flyer 一號機」在當天的第四次飛行中飛行時間增加到五十九秒，飛行距離增加爲二百六十公尺在一號機基礎上改良的二號機，在一九〇四年底，飛行了五分鐘，距離爲五公里。一九〇五年十月飛行了三十九公里。一九〇八年，兄長威爾伯負責的法國實驗飛行中持續了一小時十四分；在同年的最後測試中，飛行了二小時二十分鐘和一百四十五公里。

短期間的進步情況可以證明，飛機機體在本質上十分優秀，完全符合飛行原理。

這項偉大的人類首次的動力飛機中所運用的，是腳踏車的技術。萊特兄弟以前曾經經營過腳踏車行。

一八九二年，兩個人共同開始製造、銷售和修理腳踏車的工作。年長四歲的哥哥韋爾伯比較內向，負責整體的經營；弟弟奧維爾卻充滿才氣，富有社交性。兄弟二人的腳踏車事業相當成功。

他們所造的飛機中大量運用了腳踏車的技術。

機體結構是與腳踏車十分相似的構造，他們充分運用了在腳踏車中累積的經驗。後期型機還裝上了腳踏車的輪子，以便起飛和降落。

在動力飛行成功後，他們結束了腳踏車行，設立了飛機製造公司。

## 3 觀察鳥而研究出扭轉的機翼

當時，除了萊特兄弟和朗格雷以外，歐洲——尤其是法國——的技術者都希望能夠最先完成動力飛行。

法國在技術方面更加先進，當法國的技術家聽到在飛機研究方面落後的美國萊特兄弟

成功捷報時，還懷疑自己聽錯了。

但當韋爾伯在一九〇八年親赴法國，操控「Flyer二號機」在空中飛行二小時二十分，飛行了一百四十五公里時，法國技術家立刻肅然起敬。

當時，除了飛行時間和距離以外，飛機穩定的迴轉性能令法國技術人員大感驚訝。

水平飛行的滑翔機不會產生亂流，但在起飛和迴轉飛行時容易產生亂流，這種亂流會使機體極不穩定。因此，起飛時的穩定性是動力飛行成功的第一關。

鳥會微妙的扭轉翅膀，避免過度的上升力量，或是乾脆不扭轉翅膀，使翅膀保持平行，得以產生上揚的力量，克服不安定的問題。

在觀察鴿子飛行的連續攝影照片時，可以發現鴿子將翅膀兩端朝向身體的方向往內彎曲，拍動翅膀懸浮起來，或是右側翅膀向內側彎曲、左側翅膀向外側翻起，就可以向左迴轉。

萊特兄弟仔細閱讀被他們視爲聖經的利林塔爾的著作中關於鳥的飛翔的記述，並觀察自己所養的鴿子發現到：爲了使飛行保持安定，機翼必須要「扭轉」、「彎曲」，因此，立刻採取了複葉結構。

之所以需要「彎曲」，是爲了使機翼更光滑，可以緩和對空氣的抵抗，使飛機保持穩定。鳥靠有關節的骨骼和羽毛達到了這種柔軟的效果。

關於重要的「扭轉」的問題，萊特兄弟則是以半躺的姿勢坐在飛機上，經由操控者腰部的左右移動，使主翼產生扭轉，靠這種扭轉調整因爲氣流不穩定所導致的升力不平，使飛機保持穩定飛行。

以前的機翼都無法調整這種上升的力量，一旦傾斜，就只能轉向、墜落，無法獲得調整。

在首次飛行時，負責操控的弟弟奧維爾在起飛時，頻繁的左右扭動腰部，調整左右的傾斜，防止飛機墜落，並得以穩定的上升。

萊特兄弟成功的最大要因，完全在於這個「扭曲（＋彎曲）的機翼」。他們藉由腳踏車技術製造了牢固的整體結構，但主翼卻像鳥的翅膀一樣十分「柔軟」。

如今的飛機技術中繼承這這項「輔助翼」原理，用於氣流不安定時的調整和迴轉時產生必要的傾斜，是位於堅固的主翼前端後緣的機翼。

歐洲系的飛機也想到了用於迴轉的方向舵，但爲了穩定的迴轉，需要靠這個扭轉的機翼使機體不斷傾斜。這是萊特兄弟獨創的構思，法國人沒有想到扭轉的機翼，因此，絕對無法成功的飛行。

萊特兄弟視這個「扭轉機翼」技術爲最高機密，對各國記者也保密到家。但他們的恩師謝努德卻將之透露給競爭對手的法國。

謝努德是出生於法國的土木技師，經常向萊特兄弟提供良好的建議，也是謝努德建議他們製造複葉機。

謝努德在訪問法國時，不經意的透露在與萊特兄弟共同作業時瞭解到的這項關於機翼的秘密。

於是，法國航空界得知了「扭轉機翼」的秘密，布雷里奧、法爾曼等都立刻在自己的飛機上也採用了相同的機翼，並成功的增加了飛行距離。

一九〇九年，布雷里奧的飛機成功的飛過了多佛海峽。

## 4 與朗格雷的飛機比賽

在萊特兄弟首次飛行成功的九天前，在波特麥克河畔公開飛行中失敗的朗格雷對萊特兄弟的大告成功十分嫉妒，立刻向萊特兄弟挑戰，要進行飛行比賽。

他在報上宣稱，身為航空工學的專家，自己的飛機比萊特兄弟的更優秀，決定要再度舉行公開飛行。

但他又再度在大衆面前出糗。

朗格雷所進行的並不是本質性的改良，只是將模型擴大，在沒有進行風洞實驗、缺乏

滑翔機經驗、引擎過重的情況下，當然不可能獲得成功。

雖然朗格雷表現出雄心壯志，但由於他的飛機本質的承受力不足，所以機翼在起飛後立刻折斷，變得支離破碎。

朗格雷最後在無法使自製的動力機成功飛行的情況下，一九〇六年，在失意的情況下撒手人寰。

一九一四年，美國飛行家卡契斯將失敗的朗格雷機改良後，裝上了強大的引擎，終於成功的飛上天空。但其中盜用了許多萊特兄弟的發明。

然而，朗格雷的繼承者們和史密索尼安協會卻將卡契斯的成功擴大解釋，在報紙上說，「一九〇三年的朗格雷也是使用相同的機體，所以，是朗格雷首次飛行，萊特兄弟搶了朗格雷的功勞。」進行惡意的中傷，醜態畢露，令人難以相信是美國最優秀的研究所學者所爲。

但這些富有權威大研究所的學者們，對只不過是一介技術者的萊特兄弟施加了相當大的社會壓力。直到雙方訴訟和解的一九四〇年以後，美國才正式承認萊特兄弟是首位動力飛行的成功者。

一般認爲，兄長韋爾伯在一九一二年英年早世，就是因爲與史密索尼安協會的激烈專利訴訟，過度勞心所致。

但朗格雷對萊特兄弟的憎恨是有來由的。

一八九九年，對飛機有興趣的兄長韋爾伯爲了學習專業知識，前往史密索尼安研究所找資料。因爲，這裡有朗格雷的《空氣力學的實驗》、謝努德的《飛行機械的進步》以及利林塔爾的論文等所有有關飛行的文獻。

當時，朗格雷熱心的回答了韋爾伯的問題。

朗格雷根本沒有把萊特兄弟放在眼裡，他認爲「沒有讀過書的傢伙根本不可能製造出動力飛機」，所以，抱著啓蒙的態度，熱心的教授有關航空工學的知識。

結果，卻使朗格雷完全敗在一介腳踏車修理工的兄弟手中，所以，朗格雷當然會對萊特兄弟恨之入骨。

年輕的萊特兄弟雖然感恩於朗格雷的初期恩義，但他們強烈主張自己的獨創性，即使面對朗格雷，也認爲自己理所當然是第一位動力飛行的成功者。但朗格雷認爲「當初是我教他們的」，所以，內心當然感到怒不可遏。

然而，任何人都很淸楚朗格雷和萊特兄弟之間的實力差，無論是親眼看到弟弟奧維爾操控飛機的美國國民，還是欣賞兄長韋爾伯操控飛行的法國國民，都曾經親眼目睹了兩兄弟在美國國內和歐洲的公開飛行獲得了前所未有的成功，萊特兄弟當然贏得了廣大的支持者。

萊特兄弟的技術之所以優秀，是在根本不瞭解理論派的朗格雷的流體力學的情況下，就成功的在天空飛翔。

不同於當今應用科學原理加以開發的「科學技術」，在萊特兄弟時代的技術創新期，經常會發生這樣的情況。優秀的工藝人的創意往往可以戰勝理論。

## 5 無法擺脫腳踏車的概念

萊特兄弟的飛機有兩個謎。

這就是萊特機上特有的「前翼」和「鏈式驅動」。前翼發揮著升降舵的作用，鏈式驅動是引擎至螺旋槳的驅動系統。

爲什麼說這是謎，因爲這兩項技術是效率很差、極不自然的技術。

前翼等於在主翼的前方放置障礙物，容易產生亂流，使飛行不穩定。現代的飛機都改良爲後翼升降舵型。

鏈式驅動在動力傳遞時，會由於鏈條的鬆動和摩擦導致動力損耗，也不容易傳達動力。而且，鏈條經常會脫落、斷裂。因此，裝在滑翔機上的低功率引擎還不會有太大的問題，卻無法因應高速化、大型化的飛機。

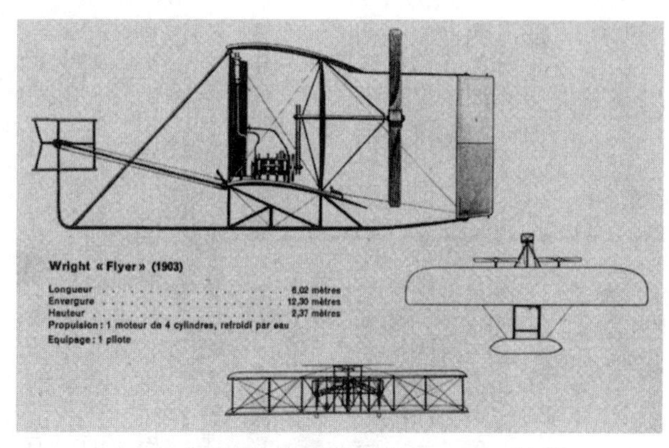

Wright « Flyer » (1903)
Longueur ........ 6,02 mètres
Envergure ........ 12,30 mètres
Hauteur ........ 2,37 mètres
Propulsion : 1 moteur de 4 cylindres, refroidi par eau
Equipage : 1 pilote


1903 年首次成功飛行的 Flyer 一號機

萊特兄弟製造的飛機除了一九○三年富有歷史意義的「Flyer 1號機」以外，還有一九○四年成功的飛行了五公里的「Flyer 二號機」、一九○五年的「Flyer 三號機」、一九○九年美國萊特飛機製造公司設立以後的「標準萊特A型」，以及在以前的橇板上裝以車輪的一九一○年的「模型V8」「模型R」、一九一一年的「模型EX」。

模型V8、模型R和模型EX中已經沒有了前翼，主翼、艉翼的構造與目前的飛機相同，但鏈型驅動一直到最後都沒有改變。

這到底代表什麼意義？

仔細觀察這兩項技術，就可以發現前翼代表「舵要在前方」，鏈型驅動代表「靠鏈條傳達動力」。也就是說，這些都是腳踏車的構想。原本經營腳踏車行的兄弟，直到最後都無法擺脫腳踏車的構想。

萊特兄弟成功的使動力飛機首次飛上了天空，卻

因爲這種莫名其妙的執著，使萊特機在技術上逐漸落後，被迅速採用「扭轉翼」的布雷里奧、法爾曼等飛機技術所淘汰。

布雷里奧等人的飛機的前方，將引擎直接與螺旋槳連接，完全沒有能量損耗的問題，起飛和降落使用車輪，主翼在前方，艉翼（方向舵、升降舵）位於後方，設計十分自然、實用性很高，立刻取代了萊特機。

對於前人的獨創必須給予高度的肯定。但一旦公開技術，之後就會更加重視經濟性和實用性，以企業、政府、軍隊爲中心，不斷競爭著技術的開發。

到了這個地步，就不容從實際工作中磨練出好手藝的工藝人參與其中，於是，韋爾伯和奧維爾兄弟也成爲創造了一段歷史的人物，完成了自己的歷史使命。

之後，兄長韋爾伯因病於一九一二年以四十五歲的年齡英年早逝，弟弟奧維爾繼續經營在創設初期十分繁盛的美國萊特飛機製造公司，直到一九四八年，以七十六歲高齡去世爲止。

# ★漏網故事

## 在歐洲獲得高度肯定

萊特兄弟一開始在歐洲獲得的肯定遠遠超過美國，接受了法國科學學士院和英國皇家協會很多的表彰。具歷史意義的「Flyer一號機」也長期借給倫敦科學博物館（一九二八～一九四八年）展示，在美國民族運動時，終於歸還給史密索尼安航空宇宙博物館。直到弟弟奧維爾也過世的一九四八年以後，美國政府才終於正式認同萊特兄弟的功績。一九五五年，兄長韋爾伯終於得以進入美國偉人殿堂。

## 奇帝豪克的紀念碑

世界第一次成功的動力飛行場所奇帝豪克有一座飛行紀念碑，也有萊特兄弟小屋，展示了做實驗的風洞以及工作道具等。一九三二年的飛行紀念碑揭幕式上，奧維爾說：「希望我哥哥也能看到這個紀念碑。」韋爾伯生前也曾說過：「弟弟奧維爾和我一起生活，一起學習，一起工作，一起思考。」

## 復原迷

如今，很多人都想要復原萊特兄弟的「Flyer一號機」。但由於他們沒有接受過滑翔機的訓練，連第一次飛行的三十六公尺都很難完成。可見這個飛機還是需要萊特兄弟的「天才」。但採用了萊特機技術加以改良的布雷里奧機和法爾曼機卻可以輕鬆的飛起來。

# 15 門得列夫

俄國化學家

**成就**

發現元素週期表

發現元素的性質按照原子量的大小依次排列，並呈週期性變化的週期表。雖然是諾貝爾獎級的偉大發現，但在他奄奄一息時，評選委員會以一票之差的決議，使其與得獎擦身而過。除了化學、物理領域的工作，更致力於油田的開發和出版技術百科全書等，在科學行政上也有所貢獻。晚年擔任度量衡局總裁，致力改善單位制度。

## 生平簡介

| | |
|---|---|
| 一八三四 | 出生於西伯利亞的托波斯克鎮。父親是高中校長，母親經營玻璃工廠 |
| 一八五〇 | 進入聖彼得堡中央教育大學 |
| 一八五五 | 畢業於聖彼得堡教育大學 |
| 一八五七 | 成為聖彼得堡大學化學講師（23歲） |
| 一八五九 | 前往巴黎大學留學。不久進入海德堡大學追隨本生（註：德國化學家、發明家） |
| 一八六〇 | 在德國的第一屆國際化學家會議中聽了坎尼札羅（註：義大利化學家）關於原子量的演講，萌生週期表的研究（26歲） |
| 一八六四 | 成為聖彼得堡工科大學教授（30歲） |
| 一八六八 | 聖彼得堡大學化學系教授（34歲） |
| 一八六九 | 在俄國化學學會上發表最初的週期表。出版《化學原論》（35歲） |
| 一八七一 | 在俄國化學學會上發表週期表的詳細論文，預言了未知元素的性質 |
| 一八七五 | 未知元素「鎵」被發現 |
| 一八七九 | 未知元素「鈧」被發現 |
| 一八八六 | 未知元素「鍺」被發現 |
| 一八八二 | 獲得英國皇家協會贈予戴維獎章（48歲） |
| 一八九〇 | 因政治問題向聖彼得堡大學辭職（56歲） |
| 一八九三 | 擔任度量衡局總裁（59歲） |
| 一九〇七 | 去世（享年72歲） |

# 1 從早晨的咖啡到午餐前完成的週期表

一八六九年二月十七日的早晨。

多米特里・伊凡諾維奇・門得列夫喝著早晨起床後的第一杯咖啡時，收到了一張明信片。寄這張明信片的是門得列夫在研究上的老朋友門修德金。時鐘指著上午九點。

明信片上寫著——

「你對三組元素有什麼看法？」

所謂三組元素，其實是指德國的德貝賴納（註：德國化學家）在一八〇〇前期所發現的、彼此的化學性質相似的元素組。

也就是「氟、氯、溴」、「鋰、鈉、鉀」和「鈣、鍶、鋇」這三組元素。

朋友的問題使門得列夫突然恍然大悟。他立刻走向書房。

當時，他剛好將咖啡杯放在明信片上。這張印上圓圓的咖啡杯印子的明信片如今保留在位於聖克多培德堡的門得列夫博物館中，這張明信片見證了門得列夫發現週期律的歷史性的一刻。

他熱中的投入工作，在午餐前完成了最初的週期表的草稿，下午就用打字機打好，完成了歷史上第一份週期表。

他的靈感就來自這「三組元素」。

當時，除了門得列夫以外，許多科學家都在思考週期表的問題。雖然將當時已經發現的六十三個元素的原子量按順序排列，但卻沒有想到週期性的問題。

但一直無法決定該在這六十三個元素依次排列的「帶子」到底該在哪裡折斷。

門得列夫想到，在折斷「帶子」時，必須將這三組元素在縱向的位置上加以固定，這就是現在所說的「同族元素」。

他找到這個「關鍵」後，在一眨眼的工夫就完成了週期表，這正是「世紀天才的靈感」的幾小時。

同年三月六日，他在俄國化學學會的聚會上發表了關於週期表的第一篇論文〈元素的性質與原子量的關係〉。由於他剛好出差，就由寄出那張明信片的門修德金代爲讀了論文。在兩年後的一八七一年，將長達九十六頁的長篇論文（德文）的主要部分印刷後，向全世界發表。

這就是如今支配所有化學理論的門得列夫週期表的登場。正是他擔任聖彼得堡大學化學教授、少壯三十五歲時完成的工作。

## 2 預言了未知元素

觀察門得列夫當天的行動，或許會認爲他輕而易舉的完成了週期表。但他在此以前，每天都努力進行原子量的修正測定，廣泛蒐集有關各個元素的資料，並做成六十三張卡片。

每張卡片上詳細寫著原子序號、原子量、酸鹼性、金屬非金屬性等。只有在這樣的基礎上，才能夠在一八六九年二月十七日早晨突然獲得靈感，除了將「三組元素」固定在縱向位置以外，還有一項成功的理由。

事實上，將當時所知的六十三個元素的「帶子」剪斷排列時，如果將「三組元素」勉強固定在縱向的位置，「帶子」就會無法整齊排列。也就是說，會產生空欄的部分。

反過來說，由於以前不認同這樣的空欄，所以，「三組元素」在縱向位置時，無法排成一排。

門得列夫最厲害的是，他認爲在空欄的部分應該有尙未發現的未知元素，並預測了這些未知元素的原子量。

門得列夫所預言的未知元素，次鋁（現在的鎵）、次硼（現在的鈧）、次矽（現在的

## 門得列夫最初的週期表（1869 年）

| | | | | | |
|---|---|---|---|---|---|
| | | | Ti=50<br>V=51<br>Cr=52<br>Mn=55<br>Fe=56<br>Ni=Co=59 | Zr=90<br>Nb=94<br>Mo=96<br>Rh=104.4<br>Ru=104.4<br>Pd=106.6 | ? =180<br>Ta=182<br>W=186<br>Pt=197.4<br>Ir=198<br>Os=199 |
| H=1 | Be=9.4<br>B =11<br>C =12<br>N =14<br>O =16<br>F =19 | Mg=24<br>Al=27.4<br>Si=28<br>P =31<br>S =32<br>Cl=35.5 | Cu=63.4<br>Zn=65.2<br>? =68<br>? =70<br>As=75<br>Se=79.4<br>Br=80 | Ag=108<br>Cd=112<br>Ur=116<br>Sn=118<br>Sb=122<br>Te=128?<br>J =127 | Hg=108<br><br>Au=197<br><br>Bi=210? |
| Li=7 | Na=23 | K =39<br>Ca=40<br>? =45<br>?Er=56<br>?Yt=60<br>?In=75.6 | Rb=85.4<br>Sr=87.6<br>Ce=92<br>La=94<br>Di=95<br>Th=118? | Cs=133<br>Ba=137 | Tl=204<br>Pb=207 |

## 門得列夫對次矽（鍺）的預言

| | 次矽 | 鍺 |
|---|---|---|
| 原子量 | 1/4（Si+Sn+Zn+Se）=72 | 72.60 |
| 原子價 | 4 | 4 |
| 比重 | 5.5 | 5.469 |
| 原子容 | 13.0 | 13.2 |
| 顏色 | 灰色 | 灰色 |
| 熔點 | 高 | 958°C |
| 氧化物 | $EkaSiO_2$ | $GeO_2$ |
| 硫化物 | 4.7 | 4.703 |
| 氯化物 | $EkaSiCl_4$ | $GeCl_4$ |
| 氯化物的比重 | 1.9 | 1.887 |
| 氯化物的沸點 | 90°C | 83°C |
| 乙烷化合物的比重 | 0.96 | 1.00 |
| 乙烷化合物的沸點 | 160°C | 160°C |

＊門得列夫最初的週期表（上）與有關次矽的預言（下）

鍺）等在他在世時就已經被發現，於是，一開始被質疑的週期表的價值以及因爲是俄國人而受到輕視的門得列夫也迅速受到國際間的重視。

## 3 無法估計的週期表功績

提到門得列夫，很多人會想到週期表，但可能大部分人想到的是教科書上的週期表而已。

很遺憾的，門得列夫週期表在近代科學成立過程中的重要性並沒有受到充分的認識。在化學反應中，原子價數具有決定性的作用，如今已經瞭解到，最外層的電子數決定了原子的價數。

在門得列夫以前，根本沒有最外層電子的概念，在週期表出現後，才確定了「每增加一週期，電子層也因此增加，最外側電子層上的電子（最外層電子）數相當於週期表的「族」的原子構造概念。

我們現在所瞭解的原子中電子層的構造，其實是將門得列夫的週期表立體化而來。只要知道「週期」和「族」，就可以完全說明所有的化學現象。可以說，週期表支配著所有化學物質的構造和反應。

海特拉和倫敦等人在一九二七年提出的氫分子結合論，就是運用了最外層電子的概念。他們對H原子爲什麼會結合成$H_2$感到非常不可思議，因此，想到了只要二個原子核共同享有最外層的二個電子，就可以穩定的結合在一起。

波亞在一九一三年的原子模型和對原子發光現象的能量說明時，也運用了最外層電子的概念。

在物理學上，從一九一○年代至三○年，有關原子構造的研究之所以能夠相繼獲得多次諾貝爾獎，與門得列夫發表的週期表有很大的關係。

原子構造是所有物質理論的基本，門得列夫成就的重要性，可以匹敵愛因斯坦的相對論。

雖然他做出了如此巨大的成就，卻無法獲得諾貝爾獎，實在是令人遺憾。一九○七年，在他瀕臨死亡之際，在瑞典的科學學院舉行的一九○六年度諾貝爾獎的評定會上，他竟然以一票之差，被法國的莫亞桑擊敗。

與門得列夫的週期表這項偉大的成就相比，莫亞桑的主要得獎理由「發明電爐」實在是顯得太渺小了。

這再度提醒我們，當時的諾貝爾獎以歐美的白人社會爲中心，雖然同是白種人，卻因爲是俄國人，或是日本人等非歐洲國家人的得獎是多麼困難（在自然科學領域中，第一位

日本人的得獎人是一九四九年的湯川秀樹）。

當時的諾貝爾獎以科學上重要的發現事實、道具的發明和開發爲主，很少頒獎給「理論」。愛因斯坦的得獎理由也不是相對論，而是光電效應的理論說明。在湯川以後，理論才眞正成爲獲獎的對象。

## 4 十四兄弟的么子

身高將近一百九十公分的巨漢門得列夫，在一八三四年出生於西伯利亞的托波斯克，是十四兄弟的么子。父親是高中的校長，母親經營玻璃工廠。

門得列夫在兄弟中的智力最出色，父母努力培養他的能力，在幼年時期，曾經邀請流放到西伯利亞的政治犯科學家教授他歐洲最新科學的初步知識。

當時的西伯利亞是政治犯的流放地，托波斯克是中心的都市。所謂流放，其實只是有簡單的監視而已，這些犯人可以在市內自由行動。被流放的大部分都是反對羅曼諾夫（註：前蘇聯歷史學家）體制而遭到逮捕的知識份子，門得列夫的父母邀請這些政治犯擔任家庭教師，除了學校的課業以外，還努力培養門得列夫成爲優秀的人材。

當時的西伯利亞家庭，無論大人小孩都需要爲了三餐而工作，只有身爲么子的門得列

夫才有學習學問的餘裕。

一八四七年，當門得列夫就讀中學時，父親去世了。而且，禍不單行；第二年，母親的工廠也慘遭大火吞噬。

其他的孩子都已經獨立，所以，門得列夫和母親二人前往莫斯科，門得列夫報考莫斯科大學失敗。結果，拜托父親的友人，進入聖彼得堡中央教育大學。之後沒有多久，母親也去世了。

門得列夫背負著父母的期待獨立奮鬥。

他沒有辜負父母的期待，以第一名的成績從聖彼得堡中央教育大學畢業。畢業後，爲了對建設國家有所貢獻，被大學派往歐洲留學，在巴黎大學（追隨勒尼奧）、海德堡大學（追隨本生）等，學習了當時最優秀的化學。

在留學期間，在德國的卡爾斯魯厄舉行了第一屆國際化學家會議，德語十分流利的他參加了這次會議。聽了坎尼札羅關於原子量意義的演講後，十分有感觸，立刻認識到當時世界化學界最需要的就是製作週期表。

「尋找課題」是科學家想要出人頭地時最初的重要工作。雖然事出偶然，門得列夫十分漂亮的完成了這項首要工作，並決定將製作週期表做爲自己的目標。

回到俄國後，他十分熱中於製作週期表，並終於完成了這項工作。

## 5 聖彼得堡大學左翼學生運動牽連事件

門得列夫幾乎靠一個人的力量帶領落後於歐洲的俄國化學界，爲研究工作的近代化做出了重要的貢獻。在一八九〇年，他突然辭去了聖彼得堡大學的工作。當時正是研究工作最高潮的五十六歲。

辭職的原因是，那一年，學生以要求增加獎學金名額爲由，發動左翼學生運動。門得列夫支持學生的運動，但教育部卻拒絕這項要求。而且，教育部拒絕的理由是，一旦認同這項要求，會引發政治改革。

雖然只是獎學金的問題，也同時批判農奴制度的學生運動很激情，很有可能發展爲打倒羅曼諾夫王朝的蘇聯革命，可能迅速發展爲政治改革危險的反政府運動。

門得列夫因爲受到這件事的牽連而辭去了大學的教職，但其實是被學校開除了。他之所以會支持左翼的學生，應該與他在西伯利亞度過的少年時代有很大的關係。門得列夫的祖父是開設西伯利亞報社的第一人，崇尚自由。由於受到家庭的影響，門得列夫也是一位自由主義者。

在幼年時代，由於曾接受被流放到西伯利亞的科學家的教育，因此，內心對政治犯有一種同情和共鳴。

但支持左翼學生的行動對他的立場十分不利，因此，甚至沒有被獲選爲蘇聯科學學院的會員。

但仍然處於落後國家的俄國政治和經濟的領導者並沒有完全拋棄他。

在當時的俄國科學科學界，唯一能夠達到歐洲科學水準、以週期表在歷史上留下不朽成就、凌駕於歐洲科學界的只有門得列夫。他在技術百科事典的出版、科卡薩斯油田和多內滋煤礦的調查，以及氣球觀測等方面，都對國家做出了巨大貢獻。

俄國政府在一八九三年任命門得列夫爲度量衡局總裁，使他致力於解決俄國國內的單位問題。

## ★漏網故事

### 鍆

一九五五年發現、原子序號為１０１的新元素，為了紀念留下不朽的成就卻無法獲得諾貝爾獎的門得列夫，故命名為「鍆」。

## 三等車廂

雖然無法得知門得列夫是不是徹頭徹尾的自由主義者，但他在成為聖彼得堡大學有名的教授後，坐火車時仍然是坐三等車廂。

# 16 伽利略

義大利物理學家、天文學家

發現鐘擺的等時性
發現加速度運動
以數學的角度研究物體運動
發明望遠鏡
發明溫度計等

姓伽利略，名伽力歐。中世紀最偉大的物理學家，是近代科學的創始人。對亞里斯多德的自由落體定律產生質疑，發現了加速度的概念。在各項成就中，最偉大的就是首次用數學來表示自然世界現象。主張地動說而受宗教審判，最後在軟禁中離開人世。

## 生平簡介

| | |
|---|---|
| 一五六四 | 出生於比薩的沒落貴族家庭 |
| 一五七四 | 進入瓦龍伯羅撒修道院（10歲） |
| 一五八一 | 進入比薩大學醫學系（17歲） |
| 一五八三 | 發現鐘擺的等時性（19歲） |
| 一五八三 | 遇到數學家利奇，將主修改為數學 |
| 一五八五 | 從比薩大學醫學系退學 |
| 一五八六 | 發表第一篇論文〈液體靜力秤〉 |
| 一五八九 | 成為比薩大學數學講師（25歲） |
| 一五九〇 | 發表〈關於運動〉，記錄自由落體的實驗 |
| 一五九二 | 成為帕多瓦大學數學教授（28歲） |
| 一六〇九 | 發明望遠鏡（45歲） |
| 一六一〇 | 辭去帕多瓦大學，成為佛羅倫斯的數學家。出版《星際使者》（46歲） |
| 一六一三 | 出版《太陽黑子研究》 |
| 一六一六 | 第一次宗教審判判決，警告處分（52歲） |
| 一六二三 | 出版《精密天秤》（59歲） |
| 一六三二 | 出版《兩個主要世界體系的對話》，成為禁書（68歲） |
| 一六三三 | 第二次宗教審判判決，判定他為異端。軟禁在阿爾契托里（69歲） |
| 一六三七 | 雙目失明 |
| 一六三八 | 完成《與兩種新力學有關的溝通及數學示範》，被禁止出版 |
| 一六四二 | 去世（享年77歲） |

# 1 比薩斜塔的自由落體實驗無法獲得證實

伽力歐・伽利略是以運動學做爲學問的出發點，在擔任比薩大學數學講師時代，尤其著重於自由落體運動的研究。

在此以前，人們對亞里斯多德提倡的「十倍重的物體的自由落體速度快十倍」的法則堅信不移，但伽利略卻發現了「物體的自由落體速度一定，與重量無關」的定律。

證明這個定律的，就是在一五九〇年在比薩斜塔所舉行的、有名的自由落體實驗。

伽利略爲了證證明任何物體都以相同的加速度掉落，同時到達地面，在高達五十五公尺、著名的比薩斜塔上舉行了公開的實驗，獲得了一般市民、哲學家、比薩大學的教官和學生的見證。

他在公衆的見證下，將重量相差十倍的兩個球同時從塔頂落下，結果，兩個球同時到達地面。在這一瞬間，成功的打破了被人們信奉了兩千年的亞里斯多德自由落體定律。這代表著近代科學的勝利。

然而，這個比薩斜塔的自由落體實驗是否眞的存在，實在令人相當質疑。

一六三八年出版的伽利略的著作《與兩種新力學有關的溝通及數學示範》中，有從高達一百公尺的高塔上，將砲彈和子彈同時放手時，二者僅以約二十公分的距離，幾乎同時著地，但並沒有寫那個高塔就是比薩斜塔。

即使那個高塔就是比薩斜塔，但在書中也缺乏充滿臨場感的記述。而且，在同時代其他人的文獻中，也根本沒有提及這個應該十分有名的比薩斜塔的公開實驗。

基於這樣的理由，比薩斜塔的自由落體實驗故事，很可能是傳記作家維維安尼杜撰的。維維安尼十分崇拜伽利略，對因爲受到宗教審判而以如此不名譽方式離開人世深表同情，在大寫特寫歷史上最偉大的成就時，在一六五四年所寫的《伽利略傳》中，很可能將這個故事以誇大的方式記錄。

一五八六年，荷蘭物理學家史戴賓在高達十公尺的二樓窗戶將兩個大小不同的球丟下的實驗，「從二樓窗戶探出身體，將大小相差約十倍的兩個球落下後，周圍的觀衆聽到了兩個球幾乎同時落地的聲音」。這與伽利略的比薩斜塔實驗十分相似。

比薩斜塔

因此，很可能是維維安尼在瞭解史戴賓的實驗的情況下，將《與兩種新力學有關的溝通及數學示範》中所提到的高塔改成比薩斜塔，

與史戴賓的自由落體實驗結合在一起。

但除此以外，還有一個理由可以證明，伽利略根本不可能在比薩斜塔進行公開實驗。假設眞的做了這次公開實驗，一定會成爲「富政治意義的」極危險的實驗。

亞里斯多德的自然學一直是羅馬教會的中心教義。比薩斜塔的公開實驗完全否定了亞里斯多德，也等於完全破壞了羅馬教會的面子。

而且，伽利略有很多敵人。他的講義很受學生的歡迎，有來自歐洲各地的聽衆，因此，他的同事很嫉妒他。而且，由於他生性喜歡辯論，也因此樹立了很多敵人。

伽利略十分清楚的瞭解到自己的情況。

事實上，他很懂得處世之道，他很懂得運用大公和教皇等政治權力，使自己出人頭地。因此，伽利略擁有「成人的常識」，也懂得分辨「學問」和「政治」的不同。這樣的他不可能去做這樣一個雖然在學術上十分有用、但在政治上卻顯得十分魯莽的實驗。因爲他十分清楚，一旦他這麼做，一定會遭到政治的報復。

在之後圍繞地動說（太陽中心說）的宗教審判中，他主張地動說（太陽中心說），否定了舊權威，但之所以沒有像蠻幹的布魯諾那樣被處以活活燒死的原因，或許也與他懂得處世之道有很大的關係。

從以下的思考實驗中，就可以明顯發現亞里斯多德的自由落體定律的錯誤。

假設A球較重，B球較輕，以亞里斯多德的原理，A比B更快落地。但如果用繩子將A和B綁在一起後，雖然A＋B比A重，但A卻會被B拉扯而減速，所以，A比A＋B更快落地。這顯然是自相矛盾。

## ②大教堂水晶吊燈的晃動，發現了鐘擺的等時性

伽利略因爲發現鐘擺的等時性而出名。

所謂鐘擺的等時性，就是振動的振幅越小，鐘擺的週期會保持一定，與振幅無關。

他發現鐘擺等時性時只有十九歲，還是比薩大學醫學系的學生，而且是偶然的靈感所致，由此可以瞭解科學巨人伽利略的天才萌芽。

那天的上課內容是參加比薩教堂的彌撒。

伽利略感到很無聊，抬起頭，看到大教堂中央的大水晶燈。教堂是透天的高樓，風很大，水晶燈隨著風搖晃。

但伽利略發現無論水晶燈搖晃得很厲害，或者只是輕輕的搖動，往復的時間並沒有差別，所以，他就用自己的脈搏代替時鐘（當時伽利略是醫學系學生），計算了水晶燈來回晃動的時間。

比薩大教堂的水晶燈

當他發現水晶燈無論晃動程度如何，來回的時間都相同時，也不管彌撒還沒有結束，就立刻跑回家中，用公式表示出自己觀察的結果。

然後，他又做了進一步的實驗，不久，就發表了等時性的原理。

但這個水晶燈的故事也與前面的比薩斜塔自由落體實驗一樣，很可能是維維安尼在傳記中以戲劇化的方式編撰而成。

專門研究伽利略物理學的研究家豐田利幸先生在調查後發現，他在一五八三年十九歲時，被認爲是伽利略發現鐘擺等時性的比薩大教堂中央的水晶燈製於一五八七年，並不是伽利略所看到的那一個。因此，伽利略到底看到的是怎樣的水晶燈，或者當時是否眞的有水晶燈，如今無從考證。

有人說，伽利略在大教堂內看到水晶燈的故事，其實是看到大教堂後方講堂的小型水晶燈。

豐田先生推測，應該是伽利略看到水晶燈晃動時，突然產生了靈感，回到家後，用大

小兩個不同的鐘擺進行實驗，終於發現、確認了等時性原理，因此，應該不是在大教堂內一邊抬頭看著水晶燈、一邊測量自己脈搏的情況下發現的。

暫且不談伽利略是否當場就測量脈搏，但他具有能夠從水晶燈晃動中嗅出其中隱藏自然法則的敏銳性是毋庸置疑的。

他引導出可以與當今的公式 $T = 2\pi\sqrt{(1/g)}$ 匹敵的 $T = 8\sqrt{(1/g)}$ 的公式。

在這個世界上，到底有幾個人能夠從水晶燈的搖晃中產生這種靈感。能夠確實發現一般人很不以爲然的現象，這或許就是天才與凡人的不同。

## 3 首位用數學記錄自然科學的人

伽利略著名的實驗——在斜坡上滾動青銅球，是他研究運動學的原點。

他不斷改變斜坡的角度（角度爲五度左右），將球滾下，無論在任何情況下，球從原點開始的移動距離與用時間的平方成正比。

這就是加速度的發現。

以公式表示，就是 $y = (1/2)at^2$。y是移動距離，a是加速度，t是時間。

實際的自由落體中的加速度很大，根本無法用人類的眼睛測量，所以，藉由斜坡成功

的使自由落體運動「慢動作」化。

李奧納多・達文西也曾經想到過這種方法，但伽利略的綜合解析能力更加優秀。

他對同一條件下的實驗各進行一百次以上，在實驗論上也獲得了十分優秀的結果。

伽利略在獲得加速度運動的公式後，與自己所確立的慣性導致的等速運動（$x = vt$，$v$是速度）結合，投入彈道學的科學研究工作。

閱讀伽利略的初期論文和著作，可以發現他經常以軍事內容爲對象。砲彈的彈道科學研究，對當時的王侯貴族切實的軍事上課題，也提供了許多建議。

伽利略首先從數學的橫座標和縱座標的角度，將砲彈運動分解爲水平方向運動和垂直方向運動。

將子彈向水平方向發射時，由水平方向的等速運動和垂直方向的自由落體運動組成；當向斜上方發射時，水平方向爲等速運動，垂直方向爲拋物運動。

也就是說，水平方向一直是等速運動，垂直方向都保持加速度運動。

將水平方向等速運動的數學公式與垂直方向加速度運動的數學公式結合，就可以得到一個二元函數。這個二元函數就可以在座標上畫出拋物線。

因此，子彈發射後，所呈現的是拋物線運動，在自然的運動中隱藏著數學原理。

伽利略首次用數學記述自然世界的研究方式成爲近代科學的出發點。

以前，一直將數學和自然世界區別思考，認為數學家和物理學家是完全不同的，但在伽利略後，數學發揮了是說明自然現象的道具的功能，推動了近代科學的發展。

## 4 質疑既成事實的辯論鼻祖

對科學研究來說，最重要的就是質疑所謂的既成事實，對既有成就抱著批判的態度和手法。

伽利略在比薩大學就任時的中世紀，各個大學都只是「賣弄」前人現成的研究，完全沒有進步。課堂上不斷講解陳舊的理論，喪失了新鮮感。教授們沒有認眞學習，只是利用地位自甘墮落。

大學喪失了創造新學問的活力。

但「好鬥」的伽利略躋身於這樣的環境。

他從年輕時代開始，就經常在公衆面前進行辛辣的批判，富有「獨舌」的才能和「心胸」。爲此，別人給了他「好鬥」或是「愛辯」的封號。

伽利略的性格在很大部分上繼承了父親的教導，「想要追求眞理，就必須有敢於向權威挑戰的勇氣和智慧。」

他的父親是宮廷音樂家、數學家，是一位富有才氣的人，凡事都以富有諷刺味道的話語明確表達自己的意見。

相信徹底批判舊理論、創造新理論是創造活力源泉的伽利略，在進入比薩大學後，就對所有的既有常識、既成理論產生質疑。

最明顯的，就是對無論教會還是任何一位大學教授都不曾懷疑的亞里斯多德自由落體的批判。他從理論和實驗二方面徹底指出了亞里斯多德理論的錯誤。

伽利略很喜歡辯論。他認爲舊理論必須修正，所以，經常主動找人辯論。

對於封建的、權威的、並沒有認眞學習的研究者來說，沒有比在辯論中敗北更傷害自尊心的事了。因此，伽利略無論在比薩大學還是之後的帕多瓦大學，以及在學會中，都不受人歡迎。

而且，他都受到了徹底的排擠。

但他並沒有因此退縮。想要創造一個新世界，就不能妥協，必須奮戰到底。

雖然同行不斷排擠他，但辯論的成果也成爲了巨大而且重要的研究成績，來自歐洲各國的學生紛紛前來聽他授課。他的名聲越來越大，成爲「當代一流的自然哲學家」，受到社會和宗教界的支持。

但這更增加了周圍教授同仁的反彈和嫉妒，認爲他「很差勁」、「自以爲是」，最後，

陷入宗教審判的陷阱。

《兩個主要世界體系的對話》和《與兩種新力學有關的溝通及數學示範》是伽利略「藉由辯論探究眞理」的示範名著。

《兩個主要世界體系的對話》採取了A、B、C三個人進行對話的方式寫作。

A：相信天動說（地球中心說）的人

B：相信地動說（太陽中心說）的人

C：冷靜客觀的外行

寫作方式是A和B在辯論的同時，向C加以解釋的形式。剛開始時，C同意A的觀點。但在聽A和B的對話和說明的過程中，C最後認同了B。

B採取讓A盡可能暢所欲言的方式，然後指出他的矛盾點，再讓A繼續說，使A陷入自相矛盾。

同時，C雖然是外行，但可以想到什麼就說什麼，成功的吸引讀者繼續往下看。

這本書深入淺出，令人有一種全新的印象，所以深受好評。

在《兩個主要世界體系的對話》中，在文字表面上完全沒有直接肯定地動說（太陽中心說）體系的內容。但在閱讀完全書後，就會對地動說（太陽中心說）確信無疑。可見伽利略的確不簡單。

伽利略之所以能夠成爲「近代科學的創始人」，就是因爲他創造了這種由辯論方式接近眞理的「近代科學的方法論」。

雖然書中A、B、C的角色在現實中都有明確的人物，但教皇認爲A是指自己，所以十分震怒（其實並不是指教皇），所以，就在內心埋下了仇恨的種子。

# 5 被人陷害的伽利略

伽利略的後半生都在爲「地動說（太陽中心說）」與宗教審判展開鬥爭。

他在研究「地上的」物體運動時，甚至否定了亞里斯多德的自由落體法則時，都沒有對教會產生太大的傷害。

一六〇九年，當他發明了望遠鏡，開始研究「天上的」物體運動時，一切開始變得不對勁。

他在觀察月亮和木星後，於一六一〇年出版的《星際使者》的內容，就已經以太陽系爲基礎。也就是說，伽利略已經十分清楚的意識到地動說（太陽中心說）。

當時，羅馬教會的立場是支持亞里斯多德的「天動說」（地球中心說）。於是，伽利略就成爲教會的黑名單。

發現太陽黑子是他與教會之間最初的摩擦。

當時，伽利略爲了誰先發現太陽黑子的問題，與天文學者——也同時是神父——謝依那對立。

伽利略在寫給謝依那弟子卡斯特里的信中，不小心提到了批判天動說（地球中心說）的內容。

這封信立刻被以謝依那爲首、教會內反伽利略勢力大肆篡改；除了批判天動說（地球中心說）以外，還捏造了批判教會的內容。

教會以這封信爲證據，開始公然批判伽利略。伽利略當然加以反駁。

但其實這是陷阱。

教會發現伽利略相信地動說（太陽中心說），以篡改的信做爲誘餌，故意設下圈套，讓喜歡辯論的他不斷暴露出自己相信地動說（太陽中心說）的證據。

伽利略越辯駁，越使自己陷入泥淖。

「我很尊敬教會，每個星期都去望彌撒。」雖然他曾經寫了這樣一封長長的自我辯護的信給大公，卻無濟於事。

一六一五年，伽利略被反伽利略派的中心人物羅里尼向宗教法庭告發。在翌年的一六一六年，宗教法庭做出判決，他有關地動說（太陽中心說）的所有著作都成爲禁書。這是

伽利略研製的望遠鏡

第一次的宗教審判。

羅里尼是教皇廳的人，以前就對伽利略的言行十分反感，一直伺機想要教訓一下自以爲是的伽利略。

伽利略在之後的七年保持了沉默。一六二三年，出版了《精密天秤》這本公然批判宗教相關者無知的著作，再度引起教會的反彈。

在一六三二年，又出版了《兩個主要世界體系的對話》。雖然他爲了避免在受到宗教審判後再度受到壓迫，而以對話的方式記述，但仍然無法逃過宗教法庭的審查，結果，再度接受了宗教審判。

當時，伽利略曾經擔任巴薄尼樞機主教的家庭教師，他也成爲伽利略的信仰者。當時，巴薄尼樞機主教成爲教皇烏本八世，但在第一次審判中沒有受到懲罰的事實《兩個主要世界體系的對話》中確實的異端證據，使教皇也無法爲伽利略辯護（最後，爲了保護自己而變節，命令對自己有恩的伽利略進行嚴格的審問）。

第二次宗教審判在一六三三年的六月結案。伽利略被迫在法庭上，將手放在《聖經》上宣誓正式毀棄地動說（太陽中心說）。

當時，他所說了一句至理名言：「但地球還是照樣會轉。」這也使得伽利略與宗教勢力奮鬥的故事在後世成爲佳話。

事實上，被迫宣誓毀棄地動說（太陽中心說）後，伽利略說——

「我在這個世上已經是個死人。」

這的確又是一句至理名言。

之後，伽利略一直被監禁在位於翡冷翠郊外的阿爾契托里的自宅。一六三八年，他秘密的完成了大作《與兩種新力學有關的溝通及數學示範》，並在教會不知情的情況下，在荷蘭出版，但立刻成爲禁書。

最後的四年，伽利略雙目失明，幾乎與死人沒什麼兩樣。

一六四二年，伽利略結束了在這個世上七十七年的生命。

## ★漏網故事

### 宗教的迫害與恢復名譽

在伽利略死後，仍然無法逃過宗教的鎮壓，在他死後超過三百年，連他的遺骸也不知道到底在哪裡。一九六〇年代，伽利略的墓碑出現在翡冷

翠的聖塔克羅斯教堂。直到最近，伽利略才得以恢復名譽，也就是終於與羅馬教庭和解。一九八九年，教宗約翰·保祿二世發表了「對伽利略進行宗教審判是錯誤的」的意見，一九九二年十月，才終於為伽利略恢復了名譽。

## 伽利略全集

義大利對伽利略有著極高的評價，在加里波第（註：義大利民族英雄，資產階級革命民主派領袖）的義大利民族聲浪中，伽利略成為義大利的世界級偉人的象徵。

一八九〇～一九〇九年中，帕多瓦大學物理學教授法巴羅編輯了義大利國家版《伽利略全集》全二十卷，之後，獨裁者墨索里尼在一九二九～一九三九年加以改訂並出版。身為一位科學家，只有伽利略擁有全集作品，深受世界各地的伽利略研究家、科學史研究家的重視。是包括他的所有書簡、相關文獻等在內最完整的資料寶庫。

# 17 高斯

德國數學家、天文學家、物理學家

成就

發現最小平方法定律
發現了正十七角形的作圖法
確立整數論
重新發現小行星穀神星
發現高斯定律等

在數學、天文學和物理學等各個領域都十分活躍的博學天才。從幼年時代開始，就是表現出超人計算能力的「神童」。他一輩子都具有這種天才能力，在人格上也十分優秀，獲得人們的尊敬，是天才中的天才。在留學期間，曾追隨莫比烏斯（註：德國數學家、天文學家）、黎曼（註：德國數學家）和康托爾（註：德國數學史家）等一流數學家。

## 生平簡介

| | |
|---|---|
| 一七七七 | 出生，布藍茲維公國的磚瓦工人的兒子 |
| 一七八八 | 進入高級中學二年級。自學古典語（11歲） |
| 一七九二 | 在布倫斯維克公爵的援助下，進入卡羅利那高等學校（15歲） |
| 一七九五 | 發現二次剩餘定理。發現二次相互法則。進入哥廷根大學（18歲） |
| 一七九六 | 發現正十七角形的作圖方法（19歲）。首度證明平方剩餘的相互法則。 |
| 一七九六 | 從哥廷根大學畢業 |
| 一八〇一 | 計算出小行星穀神星的軌道，並說中了它再度出現的時間。出版整數論的大著《數學研究》（24歲） |
| 一八〇七 | 成為哥廷根大學教授 |
| 一八〇九 | 兼任哥廷根大學天文台長。以後四十六年期間都擔任相同職務。出版《天體力學》（32歲） |
| 一八一九 | 發表有關二次剩餘定理的論文 |
| 一八三一 | 兼任哥廷根大學物理學教授，並與該大學物理學教授韋伯開始進行地磁場的共同研究（54歲） |
| 一八三八 | 接受英國皇家學會科普力勳章（61歲） |
| 一八四〇 | 發表場論有關的高斯定律 |
| 一八五五 | 去世（享年77歲） |

# 1 十八歲發現最小平方法，十九歲發現正十七角形作圖法，二十四歲出版《數論》

卡爾・弗里多利希・高斯是歷史上罕見的眞正天才。從小就發揮神童才能的高斯，在十八歲就讀高中時完成了他的第一項學術成就，「最小平方法」。

通常，在實驗結果中都會出現誤差，在圖表上呈現許多點。但如果實驗的背後隱藏著眞理，這些點在圖表上就會呈現直線或曲線。以前，通常都是靠感覺將這些點連接成線，這種方法並不正確。

最小平方法，是首先假設眞理存在，畫一條假想線，並計算實驗值與該線上的值之間的誤差值。這些誤差值的平方總和（誤差函數 $\Sigma(Xi-X)^2$）最小的線爲眞正的曲線。

這裡所說的最小，是指誤差函數的微分係數爲零。如此，就可以畫出正確的直線和曲線。這種最小平方法至今仍是處理實驗結果時的基本方法。

進入哥廷根大學後，高斯在大學一年級，也就是十九歲時，就發現了正十七角形的作圖方法。從古希臘開始，就已經瞭解正三角形、正五角形的作圖方法，卻認爲無法畫出七、十一、十三、十七等質數邊的正多角形。然而，經過了兩千年的歲月，年僅十九歲的少年成功的畫出了正十七角形。

熱中於該作圖法的高斯不分晝夜的思考，在某天清晨醒來時，解決方法突然浮現在腦海中，於是，他立刻下床，一口氣在紙上畫出了正十七角形。

同時，他還推廣至利用圓規和尺畫出正n角形作圖的一般法則。

當n是奇數時，只有當n是$2^{2^k}+1$（k＝0、1、2……）的質數時，才能夠用圓規和尺畫出正n角形。正十七角形是k＝2。

高斯富有多方面的才華，雖然他也可以在數學以外的領域獲得成功，但在成功的完成這項作圖法後，他決定成爲一位數學家。

他所撰寫的《數論》成爲當時大學的教科書，也成爲當代的名著，這本《數論》是高斯在二十四歲時所完成的。

《數論》是包括任何代數方程式都具有a＋bi型的根的代數學基本定理在內的整數論研究結晶。高斯在該書中首次引進了複質數的概念。

高斯已經在高中時代學完了將在大學中受教的數學；在大學時代，已經開始投入研究工作。

如今的一般大學生根本不可能做到這一點，在高斯的時代，也是極其罕見的特例。

高斯憑藉以《數論》爲基礎的代數學的研究，於二十二歲時獲得博士學位。

## 2 小學三年級可以立刻計算一到一百的總和

以下這則故事充分顯示出高斯在年幼時就是一個神童。

當他就讀聖卡答里那國民學校（小學、中學）三年級時，比多那數學老師要求同學計算「一加到一百等於幾」。學生們將解法和答案寫在石板上，就放在老師面前。當所有同學都交出石板後，老師會一一批改，如果學生錯得太離譜，他就會用鞭子抽打學生。

那天，比多那老師為了有時間處理自己的工作，又給學生出了這個題目。他在其他班也出了相同的問題，並順利的處理完自己的工作。因此，他在高斯就讀的班級也出了相同的問題，以為可以有很多時間處理自己的事，卻聽到少年高斯說「我完成了」。

比多那老師以為他在胡鬧，正想要發怒，發現高斯在石板上所寫的是正確的答案「五〇五〇」。

老師很驚訝的問高斯是怎麼算出來的，高斯如此回答——

一加一百等於一百零一，二加九十九等於一百零一，三加九十八是一百零一……五十加五十一也是一百零一。所以，一加到一百的和等於將一百零一加五十次。

比多那老師對少年高斯簡單明瞭的說明肅然起敬，並對這種天才的才華感到極度不可

思議，不久，就開始感到有點不愉快。他領悟到自己已經無法教高斯少年任何東西，所以，就給了他一本高中生使用的數學教科書。

## 3 神明眷顧的天才

還有一則故事可以說明高斯從小就具有天才的能力。

他在一、二歲時，就已經能夠讀出月曆上的數字。

三歲時，他在一旁聽到從事磚瓦工作的父親在計算薪資，立刻指出了父親的錯誤。

「爸爸，你算錯了。」

「你怎麼可以作弄大人。」

「你再算一次看看嘛！」

「……啊，眞的。算錯了一個地方。」

在回顧年幼時代時，高斯這麼回憶道：「我在還沒有學會說話前，就已經會計算了。」

十一歲時，他成功的證明了二項式定理。

高斯出生在布朗修巴克公國的鄉村，左鄰右舍都知道他是一個神童，許多人都紛紛想要親眼看看這位神童。

在高斯少年時代，喜愛學問的領主曾經舉辦了一場數學大會，也就是數學比賽。除了布朗修巴克公國以外，來自全德國高中、對數學有自信的少年聚集一堂，解答疑難的數學問題，比賽數學能力。少年高斯成爲布朗修巴克公國代表參加了這場比賽。

比賽的題目由主辦者委托大學的數學教授出題，出了許多當時還沒有嚴密解答方法的難題。但在比賽時，少年高斯立刻在短時間內解答了連成人的專業數學家也感到頭痛的難題，而且他的解答方法令人耳目一新。

當然，這場比賽的冠軍當然非實力高超的高斯莫屬。

那場比賽的題目內容已經沒有記錄，但據說是高難度的幾何級數的題目。

主辦者布朗修巴克大公早就聽說了高斯是個天才少年，在觀看這場比賽後，親眼證實了高斯的能力，爲了使他的才華能夠得到更進一步的發揮，大公出資讓高斯接受最高等的教育，甚至還給他年金，給予充分的經濟援助。

高斯在回憶當初這場比賽時說，當他看到問題時，幾乎就知道了答案。

看到題目時，他會立刻產生靈感，知道圖式的解答，然後再用算式加以表達。

沒有人知道他天賦異稟的數學能力到底是哪裡來的。或許是在不爲人知的地方付出了比別人多一倍的努力，也或許什麼都沒有做。歸根究柢，「技術」的天才需要經驗的不斷累積，但「數學」天才靠的是理性，只需要少許的研究就可以完成巨大的獨創研究。

# 4 發現了小行星的數學家

接受了布朗修巴克大公年金資助的高斯從哥廷根大學畢業後，並沒有找工作，而是在家中從事研究工作。

一八〇一年，義大利天文學家皮亞帝曾經發現過浮遊於火星與木星之間的小行星穀神星，但日後又找不到了。許多天文學家都努力尋找，但仍然找不到。

高斯在得知後，利用自己在十八歲時發現的最小平方法加以改良後，推算出行星的軌道計算法，向全世界的天文台預測了小行星的位置。

果然不出高斯預測所料，翌年，奧爾巴斯再度發現了穀神星。

這件事使年輕的業餘數學家立刻在全球名聲大噪。這項成就在日後拯救了高斯。

一八〇六年，長期提供他經濟援助的巴朗修巴克大公在拿破侖戰爭中戰敗而死，高斯突然面臨生活的貧困。於是，俄國邀請他擔任俄國天文台長，哥廷根大學附屬天文台也邀請他去擔任台長。一八〇九年，他成為哥廷根大學天文台長（由於天文台尚未完成，在一八〇七年，先就任數學教授）。

他在就任時獲得肯定的成就，當然是穀神星的軌道計算和再度發現了穀神星。

高斯在擔任哥廷根大學天文台長的同時，也兼任數學教授的工作，一直持續了四十六年，直到他去世。他努力促進哥廷根大學天文台的發展，使之能與格林威治天文台相提並論，也對大學的發展做出了貢獻，促進了哥廷根大學的數學、天文學和物理學等領域成爲世界頂級的水準。也因此有了「高斯的哥廷根」的說法。

高斯並不局限於數學的狹窄領域，更廣泛投入天文學、物理學的領域，與他發現這顆小行星的成就有很大的關係。

## 5 幸運的天才人生

高斯出生於德國農村的貧困磚瓦工匠的家庭。

他父親是個「大老粗」，但母親十分聰明，一直活到九十六歲。

高斯的兄長十分平庸，高斯的孩子也沒有成爲偉大的學者。由此可見，高斯是家庭中「僅限一代」突變的天才。

當時，德國落後於歐洲各國，學術界充滿權威主義，對出生十分重視。

所以，一個磚瓦工匠的兒子根本不可能擔任哥廷根大學的教授。

雖然無法成爲德國中心的柏林大學的教授（也有人說是高斯加以拒絕），但高斯能夠例外的出人頭地，完全是因爲他超人的天才能力。他的天才能力可以輕易的打破學術界向來重視的家庭出身、權威主義，使自己受到認同。

從另一個角度來說，當時的德國學術界除了擁有權威主義以外，還具有能夠無條件接受眞正天才的寬容。

天才的人生往往波瀾壯闊，但高斯的一生充實而平穩，在衆多浮浮沉沉的天才中，過著自己平坦的天才人生。他與周圍人的交往也很平淡，晚年也是一位和藹可親的老人，每個人都對高斯有良好的評價。

從高斯年幼時開始，就對高斯的天才能力十分擔心的周圍人曾經說過這樣一件事——俗話說「神用愛感召人」，所以，大家都擔心高斯活不久。因爲神明看到優秀的人，會將他們感召到天上，使他們成爲神明的使者，因此，周圍人一直擔心高斯活不久。但高斯一直活到七十七歲，與歌德、華格納一齊成爲德國的三大天才。

神讓自己所愛的人留在人間。高斯是一位幸福的天才。

## 正十七角形的基台

高斯去世後，在哥廷根大學中所建的高斯銅像的基台是「正十七角形」。

## 高斯博物館

在布朗修巴克市公園的高斯堡小山上，有一座德國最偉大的雕刻家謝龐在一八七七年（高斯冥誕一百週年）所建的高斯紀念像。在布朗修巴克市內，還有以高斯為名的馬路和橋樑。在市議會的一角，還有高斯博物館。

## 求學心

七十七歲離開人世的高斯，求知欲望十分強烈，從六十歲開始學習俄語。在晚年，又投入心靈學的學習。

# 18 哥德爾

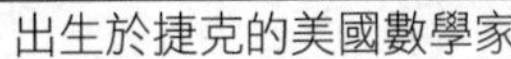

出生於捷克的美國數學家

### 成就

- 證明完全性定理
- 證明不完全性定理
- 證明選擇公理的無矛盾性
- 證明一般連續體假設的無矛盾性

對符號邏輯學、數理哲學、集合論等數學基礎論的發展做出了貢獻。最大的成就就是證明了「哥德爾不完全性定理」。第一定理表達了「人類理性的界限」，第二定理呈現「理性的徹底相對化」。這些定理否定了成為各個領域學問基礎的數學的絕對性，為世間帶來了極大的衝擊。

## 生平簡介

|  |  |
| --- | --- |
| 一九〇六 | 出生於捷克的柏諾 |
| 一九二四 | 進入維也納大學物理系（18歲），在二年級時，轉至數學系 |
| 一九二八 | 畢業於維也納大學數學系 |
| 一九三〇 | 在德國科學家物理學家協會的會議中，聆聽了希爾伯特（註：德國數學家）的演講後，對不完全性定理的概念更加明確。證明了哥德爾的完全性定理（24歲） |
| 一九三一 | 證明哥德爾的不完全性定理（25歲） |
| 一九三三 | 成為維也納大學講師。前往美國，與諾衣曼（註：美國籍數學家，生於匈牙利）、愛因斯坦成為好朋友（27歲） |
| 一九三四 | 回到維也納，發表〈選擇公理的無矛盾性的證明〉 |
| 一九三六 | 被誤認為猶太人而辭去講師職務 |
| 一九三八 | 哥德爾關於一般連續體假設的證明 |
| 一九四〇 | 離開維也納，移民至美國。成為普林斯頓高級研究所的正式研究員（34歲） |
| 一九四七 | 成為普林斯頓高級研究所終身研究員 |
| 一九四八 | 取得美國國籍 |
| 一九四九 | 發表宇宙論（哥德爾的宇宙論）（43歲） |
| 一九五三 | 成為普林斯頓高級研究所教授（47歲） |
| 一九五五 | 成為全美科學學院會員 |
| 一九七八 | 去世（享年71歲） |

# 1 發現人類理性的界限、理性的相對化

提到科爾特・哥德爾，可以說是始於「不完全性定理」，也終於「不完全性定理」。

哥德爾的天才，完全表現在這項「不完全性定理」上。

所謂不完全性定理，是指一定存在某些光靠數學定理無法決定其眞假的數學命題，主要由第一定理和第二定理組成。

第一定理有各種不同的表達方式，最終爲「數學的表現無法運用目前爲止的手段加以證明或加以否定」。

對於這個定理，通常解釋爲人類的理性有一定的界限。

第二定理也有各種不同的表達方式，最終爲「只要數學是無矛盾的，數學就無法證明自己的無矛盾性」。

對於這個定理，通常解釋爲人類理性的徹底相對化。

由第一定理和第二定理組成的不完全性定理到底哪裡了不起？

隨著時代的進展，物理學、化學和天文學等領域發生了巨大的變化，並不斷獲得改良。

例如，伽利略否定了亞里斯多德認爲的較重的東西較快落地的學說，「天動說」終於逐漸

被「地動說」代替。

但成為這些自然科學基礎的數學卻被認為是不變的。也就是說，支持天動說的數學和支持地動說的數學在本質上相同，根本沒有改變。

哥德爾以不完全性定理證明了——被認為本質不可能改變的數學，既然是人類知性的產物，就不可能不變。

數學是嚴謹的邏輯學，自古以來不斷獲得精密化。但數學前提的公理、公準其實只是假設和前提而已，其實是屬於哲學範疇的內容。

在精密化的歷史中，數學逐漸被認為是完全的、絕對的，但既然數學以假設和前提為出發點，那麼，數學也無法擺脫「不完全性」和「相對性」。

以下是不完全性定理的詳細說明。

人類無法用我們所信奉的完全理論來證明自己是完全的。判斷自己是否完全的標準必須是完美、完全的（必須由神明來創造這種標準）。但目前的標準（數學）是不完全的人類所創造的，因此，永遠無法證明其完全性。結果，就會陷入自我矛盾，無論再怎麼精密的進行操作，都毫無意義。

## ②從自大的前輩身上獲得的靈感

哥德爾在二十四歲時，歸納了不完全性定理的構想。那年，在肯尼比斯堡舉行的德國科學家、物理學家協會的年會中，在聆聽希爾伯特的六十歲紀念演講時，他突然產生了靈感。

希爾伯特是古典數學的完成者，因此，他自認爲是空間論的大家長。

哥德爾在聽希爾伯特演講的過程中，發現了其中的缺陷，並因此發現了「不完全性定理」。

「我的（古典）數學是絕對的。我完成了數學所有的一切。想要挑戰新發現的人都是白費工夫。」

希爾伯特不停的笑著大放厥詞，不斷強調他的數學的完全性。對此很反感的哥德爾終於有所發現。

希爾伯特越強調數學的完全性，越呈現出內部的矛盾，表現出自我矛盾。正因爲希爾伯特努力想要達到完全化的境界，才無法避免不完全——哥德爾也由此從中感受到數學的界限。

這種想法之所以可以發展爲不完全性定理，希爾伯特這位自大的前輩發揮了相當重要的作用。

## 3 維也納大學的風氣培養了哥德爾的個性

在談論哥德爾證明不完全性定理的偉業時，當然不能不提維也納大學。

他原本就讀的是維也納大學的物理系，但在二年級時，對福爾德本格拉的數學課十分感興趣，因此轉入數學系。

福爾德本格拉在課堂上熱忱的闡述了改變古典數學、開拓新數學的意義。轉入數學系的哥德爾，立刻著手改變歐幾里德幾何學爲中心的平面幾何學和線形代數學等既成數學，對球面幾何學和非線形代數學等新數學產生了濃厚的興趣。

哥德爾也很喜歡哲學。在中學生時代，就已經讀完康德（註：德國哲學家）著作的他，在進入維也納大學後，更努力鑽研哲學。

當時，一九二〇年至一九三〇年期間，維也納大學的科學哲學系被稱爲「維也納學團」，有許多伶牙俐齒的論客，可以說是科學哲學的聖地。

卡爾納普（註：美國籍哲學家、邏輯學家，出生於德國）、修立克、亨培爾、賴興巴

赫（註：美國籍哲學家，出生於德國）等重量級人物，經常圍繞科學哲學的根本命題展開論戰。

雖然他們的立場不完全屬於同一個體系，但大致的傾向如下——

首先，假設科學上的所有成果都可以用邏輯符號加以表達。

其次，在這個假設的基礎上，將「可以藉由邏輯決定正確與否的命題」以及「可以藉由受到科學認同的經驗決定正確與否的命題」都可以經由邏輯符號表達爲具有意義的命題。

無法以這兩種命題方式表達的，都是無意義的命題（「形而上學的命題」），大部分傳統哲學命題都屬於這一類。

這稱爲邏輯實證主義，修立克是中心的主導人物。

維也納學團的活動雖然沒有任何具體的成果，卻締造了當今「分析哲學」領域的基礎。哥德爾也參加辯論，並大大磨練了哲學能力。

維也納大學的科學哲學傳統對哥德爾產生了很大的影響。

自然科學者往往容易忘卻科學的首要命題「如何看待自然界」，陷入數據展開的技術主義（明治維新後，引進日本的科學，大部分都是陷入這種技術主義的內容）。

哥德爾在維也納大學的風氣中，沒有忘記自然科學本來的存在方式，從正面的角度投入「科學哲學」。

除了哥德爾以外，維也納大學還造就了玻爾茲曼、馬哈等偉人，他們也同樣受到了科學哲學的良好影響，爲科學做出了巨大的貢獻。

## 4 愛問「為什麼」的孩子

哥德爾出生於捷克的柏諾。

柏諾最著名的就是孟德爾發現「遺傳法則」的聖托馬斯修道院，也使該地成爲生物學歷史上有名的場所。

但孟德爾的存在對哥德爾並沒有產生太大的影響。

哥德爾的父親是奧地利人，出生於維也納，母親出生於萊茵，父母都是德語系的移民，哥德爾從小接受德語教育。哥德爾還有一個哥哥。

哥德爾的母親患有「多發性腦脊髓硬化症」，這是一種容易引起歇斯底里、抽筋和情緒不穩定的不治之症。

爲此，哥德爾的母親很少外出，在家中教育哥德爾。

但並不是母親不讓哥德爾上學，是因爲哥德爾可能遺傳了母親脆弱、敏感的體質，他不但身體虛弱，而且不喜歡上學，整天請假，所以，母親就在家中教他。

可能是因爲母親生病的關係，哥德爾從小的敏銳度就很強，人格有點病態。

從另一個角度來說，敏銳度強其實也是脆弱的極限。哥德爾的敏銳性很強，很容易受到傷害。

而且，他完全不喜歡社交，甚至有點害怕與人相處，所以，在與周圍產生摩擦時，經常會受到傷害。

哥德爾從小喜歡不停的問「爲什麼」是他與生俱來的研究嗜好、天才的知性好奇心的最佳象徵。

他喜歡發問的習慣令父母和周圍人都覺得煩不勝煩，因此家裡人都叫他「爲什麼小孩」。

無論遇到任何事，他都有一大堆的疑問，直到徹底理解爲止。一般的大人根本無法招架他的連環問題，只有他母親會努力向他解釋，盡可能給他滿意的答案。在這點上，與愛迪生因爲整天問「爲什麼，爲什麼」而遭到周圍人討厭時，愛迪生母親包容的態度十分相似。

## 5 懷疑醫院而餓死

哥德爾一輩子都有強迫神經症，也就是極度的被害妄想症。因此，在周圍人眼中，他是一個「怪人」。

最初是在五歲的時候，他告訴大人——

「晚上很可怕。」

「和別人說話很可怕。」

八歲時，他罹患了風濕病，對心臟也造成了負擔，因而併發了心臟病。從那個時候開始，他對自己的健康有著很大的不安。

在證明不完全定理後，與諾伊曼私交不錯的哥德爾在諾伊曼的邀請下，多次造訪了美國普林斯頓研究所。

在美國期間，他的強迫神經症稍有緩和，但一回到歐洲，又再度惡化。可見他在歐洲承受著相當程度的精神壓力。

當時，哥德爾是維也納大學的講師，只要薪資稍微晚幾天，他就會擔心自己是不是被校方解雇了。

獲得愛因斯坦獎的哥德爾（右二）和修因格（右）

一九三八年，當納粹德國合併奧地利時，哥德爾被誤認為是猶太人，從一九三六年就開始失業的哥德爾也感受到了自己的危險。

於是，哥德爾決定移民美國；一九四〇年，又在諾伊曼的邀請下，前往普林斯頓研究所。

從哥德爾在二十四歲時證明了「不完全性定理」，到三十四歲時決定移民美國期間，哥德爾深受強迫神經症之苦，也不斷創造出新的成就。

「選擇公理的無矛盾性的證明」和「一般連續體假設的無矛盾性的證明」是他因為強迫神經症而不斷出入醫院期間內所完成的成就。尤其後者是他在整天擔心「如果自己不完成證明，就會被開除」的情況下完成的研究。

這似乎會令人產生「精神狀態越不安定，知性生產能力越高」的感覺。

一九四六年，當哥德爾四十歲時，他的強迫神經症進一步惡化。

哥德爾因爲擔心自己罹患十二指腸潰瘍去看了醫師，醫師告訴他「沒有問題」，於是，他就回了家。但症狀越來越惡化，於是，當他再度就醫時，卻已經惡化得十分嚴重，醫師告訴他「很危險」。

於是，哥德爾認爲是「醫師故意延誤治療」，更進一步不信任周圍所有的人。

在研究所時，他整天擔心如果自己沒有在數學方面有所成就，就會被研究所辭退。

一九七〇年後，他更加衰弱，再加上他夫人身體病弱，他的憂鬱症和偏執症更加嚴重，由於擔心自己會被毒死，所以，幾乎不吃飯。

他在一九七七年住院，也擔心醫院會下毒，所以完全不吃飯，最後因爲營養失調而餓死在醫院。

科學的發展並不一定需要人性，即使是不適應社會的怪人，他的優秀成就也會受到肯定。這是這個世界的規則。

哥德爾一輩子都是一個自我毀滅型的怪人。

然而，即使在他死後，仍然爲世人留下了數學方面革新的理論。

## ★漏網故事

### 時光旅行

研究非古典數學的哥德爾對愛因斯坦的非牛頓物理學十分有興趣。哥德爾在研究愛因斯坦廣義相對論後，於一九四九年提出了「宇宙論」（被稱為「哥德爾的宇宙論」），提倡了愛因斯坦不認同的時光旅行（time trip，使用光速火箭進行宇宙旅行，就不會老）而引起很大的迴響。

# 19 波茲曼

奧地利理論物理學家

統計力學的創始人之一。成功的解釋了熱力學第二法則，也就是熱力學函數增加法則並不是力學法則而已，更是機率的法則，並將熱力學函數用狀態機率的函數定義爲$S = k\log W$（S爲熱力學函數，k爲波茲曼常數，W爲狀態機率）。除了在統計力學方面，在電磁學方面也有許多成就。

證明熱平衡的馬克士威（註：英國物理學家、數學家）分布機率論
熱力學的第二法則（熱力學函數增加法則）的解明
斯特藩・波茲曼法則的發現

## 生平簡介

| | |
|---|---|
| 一八四四 | 出生於維也納，父親是皇室財務官 |
| 一八六二 | 進入維也納大學理學系物理學科。在學期間發表〈關於熱力學的第二法則的力學意義〉、〈關於氣體分子內的原子數以及氣體內部的功〉兩篇論文 |
| 一八六六 | 畢業於維也納大學，成為該大學助教 |
| 一八六八 | 成為格拉茲大學教授。以機率論角度解釋馬克士威分布（24歲） |
| 一八七一 | 關於氣體平均分布的「遍歷假設（Ergode假設）」 |
| 一八七二 | 嘗試用「H定理」從力學的角度説明熱現象的不可逆性 |
| 一八七三 | 成為維也納大學教授（29歲） |
| 一八七五 | 研究比熱的分子論 |
| 一八七七 | 以機率的角度解釋熱力學第二法則，將熱力學函數定義為狀態機率的函數 |
| 一八八四 | 斯特藩・波茲曼法則 |
| 一八九五 | 出版《氣體論講義》（～一八九八）。在盧貝克會議上徹底擁護原子論 |
| 一八九七 | 出版《力學原理講義》（～一九〇四） |
| 一九〇〇 | 圍繞原子論的問題，與奧斯特瓦爾德等能量論者展開激烈的辯論 |
| 一九〇六 | 在避暑勝地杜伊諾自殺（享年62歲） |

# 1 在原子、分子尚未確認的時代，開創了氣體分子運動論

當今的「統計力學」在魯德比希・波茲曼的時代，由於主要以研究氣體為主，因此被稱為「氣體分子運動論」。

眾所周知，當氣體的溫度一定時，體積與壓力成反比（波以耳定律），當保持壓力一定時，體積與溫度的增加成正比（查理定律）。

用構成氣體的分子的運動來說明包括這些定律在內的氣體所表現的各種性質，這就是氣體分子運動論。

只要運用氣體分子運動論，就可以輕易的解釋波以耳定律是「因為容器的體積改變時，氣體分子的衝突次數會隨之改變所致」。

站在這種氣體分子運動論的立場，波茲曼在就讀維也納大學理學系物理學科期間，就已經完成了〈關於熱力學的第二法則的力學意義〉、〈氣體分子內的原子數以及氣體內部的功〉這兩篇論文，當時年僅二十歲。

他在論文中闡述了與熱相關的現象都是不可逆的變化，熱會從高溫的物體傳向低溫的物體、氣體的功是壓力與體積變化的乘積等，這些都是如今高中、大學教科書中的基本定

理。

之後，他在二十四歲時成爲格拉茲大學的教授，並在擔任海德堡大學教授後，在二十九歲時，就成爲名門大學維也納大學的教授。

當時，波茲曼最大的成就，就是藉由H定理解釋了熱現象不可逆性的本質，在於擴散這種分子運動的本性。

在思考H定理的物理意義的過程中，更發現熱力學的第二法則，也就是熱力學函數增加法則並不是力學的法則，而是機率的法則。

關於這個問題，還包括了許多目前尚未解決的問題，因此十分複雜，在此暫不詳細說明（其中一部分將在下一節提及），波茲曼並用著名的S＝klog W的公式（S是熱力學函數，k是波茲曼係數，W是狀態機率）將熱力學函數定義爲狀態機率的函數。

波茲曼在氣體分子運動論上不斷有出色成就，但令人驚訝的是，當時還沒有確認原子或分子的存在。

原子的概念本身必須追溯到希臘的德謨克利特（註：古希臘哲學家、教育家），在十九世紀後半，原子和分子的存在仍然只是一個假設而已。

的確，道爾頓和亞佛加厥在一八〇〇年代初期曾經提倡原子論、分子論，但這只是因爲這種假設運用在化學反應中時，顯得十分合情合理，但並沒有任何人實際發現過分子或

原子。

因此，波茲曼在原子論尚未確立的情況下，已經相信氣體分子的存在，並以此做爲力學展開的基礎。

## 2 至今仍未解決的不可逆性問題

波茲曼在前述的H定理中所表示的，其實是這個世界中的變化的單方向性（不可逆性）。

俗話說「覆水難收」，潑出去的水無法回到杯子中。每個人不斷年華老去，不可能返老還童。

我們肉眼所看到的大部分宏觀物理現象都是不可逆的。

但原子和分子的運動卻是可逆的（雙向性）。

舉一個簡單的例子。

用攝影機拍下杯子倒下水漏出來的情景。當以倒帶的方式看時，我們可以十分清楚的知道是在看倒帶。

然後，用攝影機拍下容器內二個氣體分子的運動。即使以倒帶的方式放映，我們也無

法判斷到底是不是在看倒帶。因爲二個氣體分子也可以有像倒帶放映時所呈現的運動。

於是，就會產生一個極大的疑問。

我們肉眼所看到的宏觀物理現象都是由原子和分子運動構成。既然如此，微觀的原子和分子的運動具有可逆性，爲什麼會在宏觀的物理現象中呈現不可逆的變化？

從氣體分子運動論的立場出發解釋宏觀狀態變化不可逆性的波茲曼的H定理，首次成功的解決了這個大問題，但也遭到許多反駁的意見。

其中最有力的，就是洛施密特（註：奧地利物理學家、化學家）的「可逆性的反駁」和采爾梅洛的「再歸性的反駁」。

他們都指出了波茲曼在H定理中所表示的變化的單方向性有「例外」的情況。

波茲曼雖然不得不認同他們的意見，但不久就在機率論的理論武裝下加以反駁。也就是說，在機率論上，「例外」幾乎不可能發生，因此，宏觀的不可逆變化是成立的。

他更堅信自己的理論是正確的，並將之運用在宇宙整體，他在《氣體論議義》中如此闡述——

「在整體處於熱平衡的宇宙中，熱平衡稍微有所變化，就形成了與我們的銀河相同大小的特定區域。雖然在宇宙中，無法區別兩個時間的方向，但就好像在這些特定區域中的生物，位於地球表面這個特別的場所時，對地球中心的方向而言，是朝向『向下』的方向

一樣，因此，朝向更難以實現的狀態的時間的方向則與之相反。」

也就是說，生活在脫離宇宙中熱平衡特定區域中的人類，其實是從無法區別的兩個時間方向中，區分出將更容易實現的時間方向。因此，就會感覺世間的變化都是朝向同一方向進行。

但問題仍然沒有解決。

在波茲曼死後一百年，這個不可逆性的問題仍然讓人爭論不休。

## 3 與能量論者的殊死戰

前面已經提到，波茲曼是原子論者。

當時，能量論者與原子論者針鋒相對。

馬赫（註：奧地利物理學家、哲學家）、奧斯特瓦爾德等能量論者認爲，不應該用只不過是假設而已的原子來說明物理現象，而應該用受到公衆認同的能量解釋所有的物理現象。

能量論者的中心人物——奧斯特瓦爾德，甚至將自己的家命名爲「能量之家」。

奧斯特瓦爾德在參加學會時，只要有人以原子論爲前提發表論文時，他就會故意與旁邊的人說話，並用連發言者也聽得到的聲音放肆的大笑，表現出極其冷淡的態度。並且拚命找出論文中的缺點，最後，都以諷刺的口氣問：「那麼，你有親眼看到過你所說的原子嗎？」

在受到能量論者不停的攻擊後，原子論者因而不斷減少，但波茲曼仍然堅持著自己的信念。

有一次，他在與能量論者的爭辯中說：「原子也存在於能量中。」事到如今，無法瞭解波茲曼這句話的本意，但一般認爲他暗示了能量量子化，具有先見之明，因此受到肯定。

總之，原子終究被發現了。

一九〇八年，佩蘭（註：法國物理化學家，一九二六年諾貝爾物理學獎得主）在沉降平衡的研究中，間接證明了原子和分子確實存在。

那是在波茲曼離開人世的兩年後。

## 4 長大後，仍然稚氣未脫

辯論對手的奧斯特瓦爾德如此評論波茲曼——

「他是這個世界的外星人。」

說的好聽點，可以說他天眞；說的不好聽，就是他根本是個還沒有長大的大孩子，情緒很不穩定。這也是周圍人對波茲曼的一致評價。

有一個故事可以充分表現出他的天眞。

在他擔任格拉茲大學教授時代，波茲曼想到可以在自己的山莊養乳牛，就不必再買牛奶了。

於是，他就去格拉茲的牛市場買了一頭牛，牽著一頭牛從市場回到山莊。

當時已經十分出名的波茲曼教授牽著一頭牛在路上走，當然會成爲衆人談論的話題，但他卻絲毫不以爲意。

還有另外一個不爲人知的事實——

波茲曼曾經換過好幾次工作。其實，他換工作的理由十分簡單。

在維也納大學時，反原子論的馬赫整天指責他；在忍無可忍的情況下，他轉往萊比契喜大學。在萊比契喜大學又遇到了奧斯特瓦爾德，又被奧斯特瓦爾德指責，所以，他工作了一年半就辭職，再度回到維也納大學。

也就是說，只要一遇到不順心，他就會毫不猶豫的換職場。

通常，一個成人應該會克服某種程度的不良人際關係，波茲曼的轉職態度雖然幼稚，

卻也令人感受到這位天才科學家坦承面對自己心理的一面。

許多人認爲，波茲曼的這種天眞是他成功的源泉。也就是說，正因爲擁有不會乖乖服從傳統和習慣的純眞感性，才能夠如此準確的把握問題的核心，解開衆多的自然之謎……。

但他的天眞其實也是不安定的內心的表現。

正如將在下一節中所介紹的，波茲曼有躁鬱症的傾向。

## 5 對 $S = k\log W$ 的公式將導致宇宙毀滅而感到悲觀

波茲曼在一八四四年出生於維也納。父母都是知識份子，他從中學時代開始，成績就十分優秀。

他從學生時代開始，就有嚴重的躁鬱症。有趣的是，調查醫院的病歷中所瞭解到的波茲曼的就醫記錄與他的科學成就的關係時，可以發現，波茲曼在歷史上留名的研究成就都集中在躁鬱狀態下完成的。

他有被害妄想症的傾向，認爲社會對自己的天才能力有過低的評價，認爲自己沒有受到適當的待遇（其實，他很年輕時就已經當上了大學教授，學會對他的成就也十分肯定，根本沒有受到打壓）。

波茲曼之墓

（摘自菊池文誠編《探究近代科學的源流》）

自一九〇〇年之後，他開始與能量論者展開激烈的爭論，爲此感到筋疲力盡的他終於罹患了精神方面的疾病，躁鬱症更極度惡化。

最後，他在一九〇六年，在避暑勝地多維諾自殺，享年六十二歲。

他自殺的原因是對宇宙的熱量毀滅感到恐懼。

根據波茲曼將熱力學定義爲 $S = k\log W$ 的公式，物質和能量會不斷擴散，不久，就會遍布宇宙整體。宇宙會從0K上升至3K，達到熱平衡，變成一個連星星都沒有的黑暗世界。

這就是「宇宙的熱量毀滅」。

即使這是事實，也是在遙遠的未來發生。在目前的情況下，這只是理論而已，並不代表宇宙會逐漸走向熱量毀滅。

其實，熱力擴散理論是觀念世界的物理理論。

對觀念世界的觀念性結論的「宇宙的熱量毀滅」感

到悲觀的行爲，似乎很能體現波茲曼的風格。

在他自殺前不久，陪伴他多年的妻子向他提出離婚。而且，當時他與能量論者的辯論已經令他感到筋疲力盡。

這些現實中的挫折與觀念性的「宇宙熱量毀滅」論，成爲導致他自殺的直接原因。S＝klog W的公式表示了熱力會無限增大，同時，也爲創造這個公式的主人畫上了休止符。

位於維也納的波茲曼墓碑上，刻著S＝klog W的公式。

## ★漏網故事

### 幽默

波茲曼是富有幽默感的人。他在友人羅修密德的追悼演講的最後說：「如今，羅修密德的肉體已經分解成原子。我已經在黑板上寫下了他分解成的原子數目。」

黑板上，在數字1的後面寫著25個0，也就是$(10)^{25}$。

## 兒女的煩惱

波茲曼經常和自己的孩子一起遊戲。為了三個女兒，他曾在家中舉辦舞會，自己也愉快的起舞。有一次，最小的女兒經過寵物店時，說想要養兩隻小兔子。波茲曼太太認為會將家中弄髒而面有難色，但波茲曼日後卻買了小兔子回家，並在自己的書房為小兔子親手做了一個「兔窩」。

# 20 北里柴三郎

日本醫學家、細菌學家

成就

成功的純粹培養破傷風菌並確立了破傷風的免疫療法
發現鼠疫菌

在日本明治中期前往柏林大學留學，成功的完成破傷風菌的純粹培養，並進一步確立了破傷風的免疫療法，立刻舉世聞名。回到日本後，在傳染病研究所及北里研究所從事研究、指導工作，並參與慶應義塾大學醫學系的創設工作。在野口英世以前，是第一位將日本醫學讓世人知曉的國際級醫學家。

## 生平簡介

| | |
|---|---|
| 一八五三 | 生於熊本縣阿蘇郡北里村，是村長的長子 |
| 一八七一 | 進入熊本醫學院，追隨曼斯菲德。同年，轉入東京醫學院（18歲） |
| 一八七五 | 再度進入東京醫學院（22歲） |
| 一八八三 | 東京醫學院畢業，任職內務省衛生局（30歲） |
| 一八八五 | 進入柏林大學醫學院留學（32歲） |
| 一八八九 | 破傷風菌的純粹培養成功（36歲） |
| 一八九〇 | 與貝林（註：德國細菌學家，一九〇一年獲得諾貝爾醫學獎）共同發表〈免疫治療法〉論文 |
| 一八九三 | 創設日本第一家結核研究所「養生園」（40歲） |
| 一八九四 | 在福澤諭吉的援助下，創設私立傳染病研究所。同年發現鼠疫菌（41歲） |
| 一八九九 | 傳染病研究所成為內務省管轄的國立研究所，就任首任所長（46歲） |
| 一九一四 | 在傳染病研究省成為文部省管轄後，全員辭職（傳研騷動事件）。重新設立私立北里研究所，成為首任所長（61歲） |
| 一九一七 | 協助慶應義塾大學醫學院設立，成為首任醫學院院長。成為貴族院議員（64歲） |
| 一九二三 | 去世（享年78歲） |

# 1 從古柯鹼中毒患者身上得到的靈感

北里柴三郎在三十二歲時前往柏林大學醫學系留學，進入陸福萊爾研究室，在此從事了八年期間的研究工作。

柯霍（註：又譯科赫，德國細菌病理學家，一九〇五年諾貝爾生理學或醫學獎得主）也經常出入該研究室，北里經常接受柯霍的指導。

貝林、埃爾利希（註：德國醫學家、免疫學家，一九〇八年諾貝爾生理學或醫學獎得主）等富有實力的人都是他在該研究所的同事。這兩個人也是柯霍的門生，不久就獲得了諾貝爾獎。

北里第一項研究工作就是破傷風菌的純粹培養。

破傷風是歐洲十分流行、致死率極高的疾病，在從事農業工作時，細菌會進入身體的傷口，使人體感染破傷風。德國是農業國家，迫切需要迅速確立這種疾病的治療方法。

爲此，培養細菌就成爲絕對的先決條件。但當時大部分人都認爲，不可能培養純粹的破傷風菌。

有一天，公費留學生森林太郎造訪了陸福萊爾研究所。北里向同樣是醫師的森出示自己正在培養的破傷風菌。當時，他還沒有成功的完成純粹培養，還同時混有其他的雜菌，但不可思議的是，北里給森看的破傷風菌在培植地的洋菜的底部聚集。

北里一邊向森出示培養基，一邊說明時，突然茅塞頓開。

「破傷風菌很可能不喜歡空氣。」

發現破傷風菌的「厭氣性」的北里在森離開後，利用已經獲得成功的牛的厭氣性菌、氣腫疸菌的純粹培養的方法，嘗試在氫氣中徹底培養，終於成功的培養出純粹的破傷風菌。

北里當著柯霍的面，在小白鼠實驗中成功的證明了自己培養出純粹的破傷風菌。當北里將自己所培養的破傷風菌注射在小白鼠身上，小白鼠表現出破傷風特有的症狀時，柯霍瞭解到北里完成了「不可能的任務」時，十分感嘆這位日本人的能力，並對他十分欣賞。

這是柯霍的得意門生也無法完成的壯舉，北里也因此聲名大噪。

之後，他使用分離的純粹培養菌確立了破傷風的免疫療法時，使北里的名聲更加遠近馳名。

爲了緩和癌症病患的疼痛，會將古柯鹼等稀釋後用於止痛。北里發現，即使給這些經常使用古柯鹼的癌症病患使用「在通常情況下會導致古柯鹼中毒」的使用量，他們也不會因此中毒。他認爲這個原理可以應用於破傷風的治療。

他首先測定了破傷風毒素導致小白鼠死亡的致死量後，然後，將極度稀釋後的溶液注

射在小白鼠的身上，並逐漸增加用量，結果發現，即使使用量已經超過致死量，小白鼠仍然活得好好的。也就是說，小白鼠獲得了對破傷風毒素的免疫能力。

他在柏林大學醫學系的定期研討會上，做了一項示範實驗，將對破傷風產生免疫的小白鼠的血清注射至別的小白鼠身上，結果，那隻小白鼠也沒有罹患破傷風，令在場所有的人都大感訝異。

北里在確立破傷風的免疫療法後，他更加聲名大噪。

## ② 被貝林搶走的諾貝爾生理學醫學獎

北里確立的破傷風免疫療法是諾貝爾獎級的成就。但在一九〇一年，獲得第一屆諾貝爾生理學醫學獎的，卻是北里的同事貝林。

貝林是因爲確立了白喉的免疫療法這項成就而獲得諾貝爾生理學醫學獎，但這只不過是將北里的破傷風免疫療法應用在白喉上而已。

其實完全是「回鍋」的研究。

但貝林卻因爲德國帝國的威信而獲得了諾貝爾獎。當時，國際對日本人十分蔑視，因此，對北里也缺乏公正的評價。

由於北里也在貝林得獎的白喉血清製作論文上連署簽名，也因此成爲諾貝爾生理學醫學獎的候補，但最後卻被歐洲人奪走了這項獎項，媒體和友人對此深感懊惱。但當時北里早已經回到了日本，他很淡然的說：「我是做爲一個留學生前往德國，能夠在國際環境下從事研究工作，就已經讓我十分感激了。」

柯霍對北里讚不絕口。想盡了一切辦法希望能夠慰留北里在德國當他的助手。對於柯霍的這種反應，貝林心裡或許很不是滋味。

向北里發出邀請的，並非只有柯霍的德國而已。美國已經準備了相當於現在四億日圓的研究費用，希望他能夠擔任傳染病研究的領導者。英國的劍橋大學也新設立了傳染病研究所，並希望北里能夠前往擔任所長。

當時正處明治中期。在經過明治維新二十多年的當時，日本竟然有如此一位受到各國期待、爭相邀請的人才，確實讓人感到驕傲。

北里拒絕了所有的邀請，回到了日本。

他認爲自己不應該在其他國家做出成就、只追求個人的名利，必須將自己的學問成果帶回日本，爲日本培養科學研究的土壤是自己的使命。

「接受知識的洗禮，努力成爲一個不斷提升志向的科學者。」

北里這位眞正的愛國者對科學研究的態度，充分表現在這句話語中。

## 3 成天打架的學生時代

北里柴三郎出生在幕府末期的一八五三年，是熊本縣阿蘇郡北里村村長的長子。從村民與姓氏相同這一點就可以瞭解到，北里家是在當地有名望的家族。

北里家雖然是村長，卻有點像是士族的家庭，雖然可以確保他成為武士，但柴三郎還是選擇了學藝而非武藝為自己的生涯規劃，並選擇了位於學術最高境界的醫學之路。

在明治維新時期長大成人的柴三郎進入熊本的熊本醫學院，當時，九州有許多荷蘭醫師，他追隨其中的曼斯菲爾學習中世紀的荷蘭醫學。

荷蘭醫學只有以《解體新書》為代表的解剖學（外科）而已，因此，柴三郎感受到荷蘭醫學的界限，當他瞭解到以巴斯特的「疾病是病原體引起的」為基礎發展的德國內科學（病理學、細菌學）逐漸成為西歐近代醫學時，他立刻轉入最容易得到去德國留學機會的東京醫學院（之後的帝大〈東大〉醫學系）。

但留學的機會一直沒有輪到他，結果，他在那裡讀了八年。

之後，他在內務省衛生局工作的同時，仍然等待前往德國留學的機會。

在東京醫學院時代，北里絕對稱不上是一位「好」學生。他的脾氣暴躁，得理不饒人，所以，經常與人發生摩擦，也因此有了「好鬥北里」的外號。

他的「壞名聲」一直傳到了家鄉的熊本，曾經教他醫學和倫理的恩師曼斯菲爾經常嘆息「那個柴三郎又……」。

有人認爲，北里之所以有這樣一段「學壞」的時期，是因爲爲了等待去德國留學的機會，在醫學院內「讀」太久了，所以，有點自暴自棄。

但正因爲北里在那段期間形成了粗野的性格，才能夠在德國留學時絲毫不畏懼當地的德國人，做出一番偉大的成就。

在歷史上，無法分辨到底是哪一個部分發揮了功效。但不利的狀況完全可以轉化爲有利的狀況，北里在德國的成功或許就是最好的證明。

## 4 與帝大醫學系權威主義的鬥爭

北里柴三郎在帝大醫學系的前輩、細菌學教授——緒方正規，爲北里開拓了前往柏林大學留學之路。

緒方是緒方洪庵家族的人，緒方本身也曾經前往柏林大學留學，追隨柯霍學習，當時才回到日本。北里前往柏林留學，有點像是接替緒方在柏林大學的工作。

但命運卻向意外的方向發展。

在北里前往德國後，緒方正規教授在回日本後的第一項成就，就是發表了〈腳氣病原菌說〉。在留學中的北里不僅親自做實驗驗證，而且從各個角度檢驗了緒方的論文，最後發現緒方的觀點是錯誤的，爲此，北里深感煩惱。

當時，指導北里研究工作的陸福萊爾強烈建議他應該指出緒方的錯誤。

陸福萊爾是個富有不在意人情的合理主義精神的人，他認爲，「既然認爲自己是眞理的使者，就應該指出好朋友的錯誤。」

北里終於下了決心，但仍然忐忑不安的指出了前輩、也是恩人的緒方的論文是錯誤的，在德國最有權威的雜誌上指出腳氣病原菌說並不正確。

帝大醫學系看到了這篇論文，因此激怒了相關者。

「不懂弟子之道的人，不應該留在帝大。」

從此，北里遭到以帝大爲首的日本醫學界的徹底排斥，即使在成爲名揚國際的醫學家，回到日本後，仍然沒有任何地方邀請他投入醫學研究工作。

在北里前往德國留學期間，帝大醫學系（之後的東大醫學系）逐漸引進了德國醫學界的權威主義制度。當時的德國正在努力追趕英國，是後發的資本主義國家，逐漸形成強而有力的權威制度，努力建設一個工業國家。同樣的，迫切想要進一步建立中央集權體制的日本，積極的引進德國的封建權威主義。

柏林大學是德國型權威的象徵。第一代留學生的緒方正規，以及北里之後前往留學的青山胤通、軍醫總監的森林太郎都是這種德國權威主義的忠實引進者。

由於遭到帝大醫學系的排斥，北里很想乾脆去國外發展，但留學期間的決心和武士特有的愛國心終於使他放棄了這個念頭。

在這一點上，與同樣遭到帝大醫學系的白眼就選擇前往國外進行研究工作的野口英世稍有不同。野口英世完全沒有學歷，但北里柴三郎是帝大醫學系畢業的菁英份子，老家也是有名望的有錢人家。即使在遭到帝大的排斥後，仍然在福澤諭吉的經濟援助下，北里仍然留在日本國內。

一八九四年（明治二十七年）在福澤諭吉的援助下，在屬於福澤家的土地的芝公園內，創設了日本第一家傳染病研究所（私立），該研究所是以柯霍擔任所長的柏林大學傳染病研究所爲藍本所設立的。

許多優秀的人才仰慕北里在海外的名聲，紛紛前來投靠，使傳染病研究所的水準高於帝大醫學系。研究員不斷創造世界級的成就。志賀潔發現了赤痢菌，北島多一確立了藥草血清療法，秦佐八郎開發了灑爾佛散（註：藥名，Salvarsan）。

這些成就使北里的傳染病研究所在世界上也享有盛名。

從這些事實中可以瞭解到，北里富有培養人才的才能。野口英世認為科學研究是確立自己地位的手段，但北里卻是為日本整體著想的組織者。

一八九九年，傳染病研究所的成就終於受到認同，成為內務省直屬的「國立」傳染病研究所，在資金方面也闊綽許多。

一九〇六年，在芝白金町建造了面積兩萬坪的新研究所，使之與柯霍研究所、巴斯特研究所一起成為世界三大研究所之一。

一九〇八年，北里柴三郎留學時代的恩師柯霍在前往美國演講途中造訪日本，看到了北里回日本後十六年在組織建設方面的努力結果。看到原來希望成為自己接班人的北里不負衆望的在日本的貢獻，柯霍由衷的感到高興，美國演講結束後回到德國的半年後，他離開了人世。

## 5 北里家族總辭職的「傳研騷動」事件

一九一四年發生的「傳研騷動」事件是可以充分證明北里聲望的著名事件。這是「北里家族」反抗權威的事件。

與北里水火不容的帝大醫學部青山胤通擔任醫學系主任後，成為日本醫學界的龍頭，

同時，他說服了當時的總理大臣大隈重信，將傳染病研究所（傳研）的主管單位從內務省轉移至文部省。如此一來，傳研就成爲帝大醫學系的下屬機構，傳研所長的北里也成爲青山的部下，毫無疑問的將會遭到排擠。

性格叛逆的北里遞上辭呈辭去了所長一職，而且，傳研的所有研究人員和職員都一起辭職了。雖然青山對此十分錯愕，很擔心世界級的傳研活動從此畫上休止符，但北里家族還是瀟灑的離去。

這就是所謂的「傳研騷動」事件。從北里在一八九二年回日本後，與帝大醫學系對抗了整整二十二年，也以這種意外的方式畫上了句點。

北里家族在離開東大後，同年，再度接受了福澤的援助，設立了私立「北里研究所」，繼續展開研究工作。

三年後，北里盡力協助福澤在慶應義塾大學設立醫學系，並就任第一代醫學系主任，工作了八年，回報了福澤的恩澤。

當時，私立傳研時代的弟子志賀、北島、秦也在慶應義塾大學醫學系擔任教授，十分支持北里。

如今，慶大醫學系被公認爲可以與東大醫學部相提並論的醫學系。但人們卻很少知道，是世界聞名的北里柴三郎與好幾位完成諾貝爾獎級成就的得意門生組成的「北里家族」奠

定了這樣的基礎。

## ★漏網故事

### 野口英世的憤慨

對於曾經排斥北里的日本醫學界，一九一五年暫時回國的野口英世曾經說：「我是Made in America的人。但北里老師和他的門生卻是made in Japan的優秀學者。各位為什麼不能好好的珍惜北里老師。」

### 突然去世

一九三一年（昭和六年）六月十七日，曾經擔任歷居貴族院議院、日本醫學協會會長，並獲得男爵封號的北里，因為腦溢血突然去世。他的過世方式也符合了生前他曾經說過的「不想給別人添麻煩」的方式。

# 從故事看科學

作　　者／山田大隆
譯　　者／王蘊潔
主　　編／羅煥耿
責任編輯／顏子愼
編　　輯／陳弘毅、李欣芳
美術編輯／錢亞杰、鄧吟風

發 行 人／林正村
出 版 者／世潮出版有限公司
地　　址／（231）台北縣新店市民生路 19 號 5 樓
登 記 證／局版臺業字第 5108 號
電　　話／（02）2218-3277
傳　　眞／（02）2218-3239（訂書專線）・2218-7539
劃　　撥／17528093・世潮出版有限公司帳戶
單次郵購總金額未滿 500 元（含），請加 50 元掛號費
印前製作／龍虎電腦排版公司
印刷／世和印製企業有限公司

KOKORO NI SHIMIRU TENSAI NO ITSUWA 20



初版一刷／ 2004 年 7 月
四刷／ 2009 年 1 月

定價／ 240 元

國家圖書館出版品預行編目資料

從故事看科學／山田大隆著；王蘊潔譯. -- 初版.
-- 臺北縣新店市：世潮, 2004 [民 93]
面； 公分 --（閱讀世界；6）

ISBN 957-776-623-4（平裝）

1. 科學 - 傳記

309.8 93009982

世茂出版有限公司
世潮出版有限公司
智富出版有限公司